适老建筑

健康光环境

陈尧东　著

中国建筑工业出版社

图书在版编目（CIP）数据

适老建筑健康光环境／陈尧东著. —北京：中国
建筑工业出版社，2019.12
ISBN 978-7-112-24474-4

Ⅰ.①适… Ⅱ.①陈… Ⅲ.①老年人住宅－建筑照明
－研究 Ⅳ.①TU113.6

中国版本图书馆CIP数据核字（2019）第272261号

责任编辑：王晓迪　吕　娜
责任校对：张惠雯

适老建筑健康光环境
陈尧东　著

*

中国建筑工业出版社出版、发行（北京海淀三里河路9号）
各地新华书店、建筑书店经销
北京锋尚制版有限公司制版
北京建筑工业印刷厂印刷

*

开本：889毫米×1194毫米　1/24　印张：6⅔　字数：146千字
2021年6月第一版　　2021年6月第一次印刷
定价：**38.00**元
ISBN 978-7-112-24474-4
（35055）

版权所有　翻印必究

序言

    光是人类生存的最重要的资源之一，光使我们看见这个多彩的世界。长久以来，我们对光的认知只停留在"照亮"这个维度上，但光能为我们做的仅仅如此吗？

    21世纪初，光的"非视觉效应"的发现揭示了光对人体心理情绪及生理健康的巨大疗愈作用。老年人由于视觉系统的退行性变化，对光的敏感度发生改变，光照不足或过量都会对其健康产生影响。相反，养老空间中科学合理的光环境设计及营造，不仅可以通过光的"情感效应"改善老年人的情绪障碍，如抑郁、焦虑等；还能通过光的"生物效应"疗愈老年人的各类生理疾病，如阿尔兹海默病、帕金森病等。

    我国人口老龄化问题严峻，老年人由于身体、心理的退行性变化以及社会角色的转变，罹患各种生理疾病及情绪障碍的概率显著增加，严重影响晚年的生命质量。光照刺激具有有效缓解老年人负面情绪、缓解睡眠质量的作用。应用光照干预老年人的生理及心理问题得到了光生物学、心理学、医学等众多领域的广泛认可。

    探讨光照刺激对老年人情绪及生理健康的改善作用及其机理，对提高老年人群生命质量具有较高的学术研究价值及临床意义，也符合我国的基本国情和发展战略。

    本书通过大量文献梳理、案例分析，结合作者多年来对养老空间光环境的调查及实验研究工作，系统地介绍了老年人的身心特点，养老空间光环境对老年人身心健康的影响及作用机理，光与老年人身心健康关系研究的前沿动态，总结了适老建筑各功能空间的照明设计策略、原则、方法和注意事项。

本书是图文并茂的科普性书籍，既能向读者普及光除了"看"之外，对人的疗愈作用的相关知识，又能在一定程度上为我国适老建筑室内空间的健康光环境设计和改造提供参考。

本书集结了笔者在同济大学建筑与城市规划学院研究生学习及在西南交通大学建筑与设计学院工作期间的科研成果。

本书研究工作受资助于自然科学基金青年项目（老年人居住空间光照环境对阿尔茨海默病患者节律紊乱的缓解作用研究，项目编号51508396，基于情感神经通路的养老空间抑郁症光干预机制及照明技术研究，项目编号52008347）；四川省科技计划应用基础研究项目（"医养结合"视阈下老年抑郁症的人工光干预系统研究，项目编号2020YJ0028）。

本书获得西南交通大学建筑与设计学院学术出版计划支持。

扫描二维码可看
本书部分彩图

目录

第一章

引言

1.1 中国人口老龄化的严峻形势

2010年第六次人口普查数据显示：我国60岁以上的老龄人口数量占比高达13.31%。截至2017年底，全国老龄办公布数据显示：我国60岁以上的老龄人口比例已增长到17.3%，达到2.41亿。可见，我国的人口老龄化形势已日益严峻，且情况仍在持续恶化。

《老龄蓝皮书：中国老龄产业发展报告（2014）》[1]预计：从2013到2030年，我国65岁以上人口比例将由14.9%上升至25.3%，达到3.71亿。到2050年前后，老龄人口占比将达到34.9%，届时，我国可能将超过日本，成为世界老龄化程度最高的国家，参考图1-1。

"十二五"规划强调："要拓展养老服务领域，实现养老服务从基本生

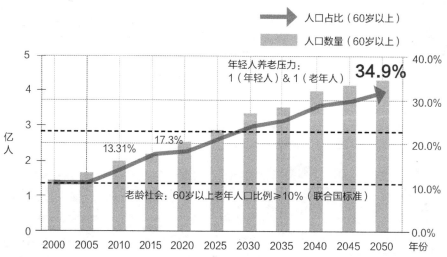

图1-1　我国人口老龄化现状及发展趋势
图片来源：作者自绘

---

1 吴玉韶，党俊武. 老龄蓝皮书：中国老龄产业发展报告（2014）[M]. 北京：社会科学文献出版社，2014.

活照料向医疗健康、精神慰藉等方面的延伸";"十三五"规划指出,"要建立健全老人关爱服务体系"。这为今后我国养老产业的发展指明了方向:不仅要关注老年人的身体健康、寿命长短,还需给予老年人更多的关爱、精神慰藉。关注老年人的生命质量已上升到国家战略的高度,参考图1-2。

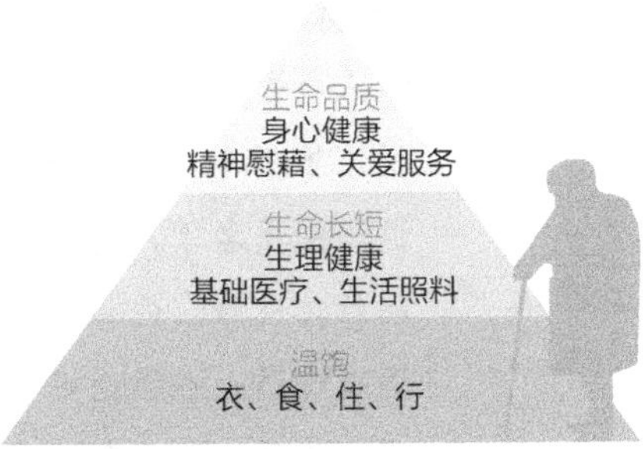

图1-2 国家政策开始关注老年人生命品质(心理及情感关怀)
图片来源:作者自绘

1.2 老年人的视觉及行为特征

1.2.1 视觉系统衰退

随着年龄的增长,老年人眼组织结构会逐步衰退[1,2]。①角膜的改变:老年人的角膜直径变小,形状呈扁平(曲率半径增大)趋势,屈光力发生改变,引起"远视";同时,眼角膜的知觉敏感性也会随着年龄的增长而降低。②瞳孔的改变:老年人的瞳孔随着年龄的增长变小,对光的反应灵敏度下降。研究显示[3],瞳孔的最大直径和最小直径随年龄增长均会缩小。同时,老年人瞳孔对光的反应灵敏度下降,75岁的老年人只能达到20岁时的12%,80岁老年人的瞳孔对光的反应灵敏度几乎接近零。③晶状体的改变:晶状体逐渐变硬、丧失弹性,角膜和晶状体的变化使得眼睛的调节能力大大降低,约60岁以后眼睛实际上已变成一个焦点固定的光学系统。同时,随着年龄的增长,晶状体对短波长的吸收系数大幅提高,导致老年人颜色视觉能力降低。除此之外,老年人的玻璃体结构及视网膜等眼部结构也会发生改变。以上眼部结构的变化会引起如图1-3所示的视觉衰退现象,并且

1 吴淑英,颜华,史秀茹. 老年人视觉与照明光环境的关系[J]. 中华眼视光学与视觉科学杂志,2004,6(1):56-58.

2 李凤鸣. 眼科全书(上册)[M]. 北京:人民卫生出版社,1996.

3 杨公侠,杨旭东. 老年人与照明(续一)[J]. 光源与照明,2010(3):43-45.

随着年龄增长日趋严重。

老年人除视觉系统发生退行性变化以外，随着年龄的增长，眼睛发生病理性变化的概率也会增加，如白内障、黄斑变性、青光眼及糖尿病视网膜疾病等。如图1-4所示，由于各种病变，老年人的晶状体浑浊、聚焦困难，导致其视力下降。图1-5所示为各类黄斑病变患者视觉系统的特点及所看画面与正常视力人群的差异。

研究发现，要达到相同的视觉效率，75岁以上的老人所需的平均光照量是20岁年轻人的4倍，这是由于老年人的眼睛晶状体变厚、变黄，光更难穿透，眼睛也更难看清物体。白天自然光中的蓝光部分被变黄的晶状体大量过滤掉，也影响了老年人白天褪黑素抑制、夜间分泌节律的稳定性。另外，老年人往往大部分时间在室内，这意味着他们接触阳光的时间短，导致维生素D缺乏，这也是导致老年阿尔兹海默病恶化的重要因素。

中国的年龄分段

童年：
0～6岁（周岁，下同）
1）婴儿期，0～3周月；
2）小儿期，4周月～2.5岁；
3）幼儿期，2.5～6岁。

少年：
7～17岁
1）启蒙期，7～10岁；
2）逆反期，11～14岁；
3）成长期，15～17岁。

青年：
18～40岁
1）青春期，18～28岁；
2）成熟期，29～40岁。

中年：
41～65岁
1）壮实期，41～48岁；
2）稳健期，49～55岁；
3）调整期，56～65岁。

老年：
66岁以后
1）初老期，66～72岁；
2）中老期，73～84岁；
3）年老期，85岁以后。

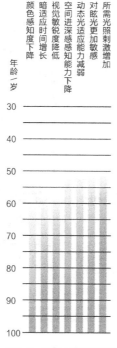

图1-3 老年人视觉的退行性变化

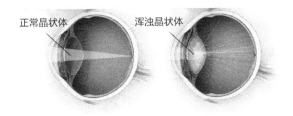

图1-4 老年人晶状体浑浊导致聚焦困难
图片来源：https://www.sohu.com/a/208847611_667779

图1-5 黄斑病变时老年人所看到的画面
图片来源：https://www.mastrianeyecare.com/content/eyeconditions/what_is_macular_degeneration.aspx

1.2.2 行为与视野变化

对于老年人来说，除了视觉系统本身的衰退会给视看行为带来不便外，其他生理衰退也会影响视看。由于骨质及肌肉衰退，摔倒成为老年人最大的安全隐患之一，因此，老年人，尤其是80岁以上的老年人在轮椅上的时间非常多，部分老人甚至所有的行为都在轮椅或床上完成。这些特殊的行为习惯对老年人的视野及视看对象都有显著影响。

图1-6为老年人在行、坐、卧（半躺）3种常见行为下，异于年轻人的姿态、视野及视看对象变化情况。从图中可以看出：

行。由于身体骨骼及肌肉的退行性变化，老年人在走路时，会出现驼背、弓腰等情况，即使拄着拐杖也是如此。因此，其视野朝向往往是斜下方，而其视看对象

顶灯
顶棚
壁灯
导视牌
墙面
桌面
扶手
应急照明
地板

行　　清晰度　视看对象

顶灯
顶棚
壁灯
导视牌
墙面
桌面
扶手
应急照明
地板

坐　　清晰度　视看对象

顶灯
顶棚
壁灯
导视牌
墙面
桌面
扶手
应急照明
地板

卧（半躺）　清晰度　视看对象

图1-6　老年人的特殊行为及视野、视看对象
图片来源：作者自绘

（按常见的视看对象位置分布看）的清晰度由高到低排序依次是：应急照明、地板、扶手、桌面、墙面、导视牌、壁灯、顶棚、顶灯。然而，实际上，最理想的顺序并不是这样，因此，在适老性照明设计中，应充分考虑这一特点，适当对照明和光分布作出调整。

坐。除了正常坐姿的静态休息（此行为与年轻人差异不大）外，有一部分老年人长时间用轮椅代步，这种行为下，其身体虽然保持坐姿，但却是移动的。这是一个非常特殊的状态，虽然是平视，但视点高度却较低，且在持续移动。其视看对象的清晰度由高到低排序依次是：扶手、桌面、墙面、导视牌、壁灯、应急照明、顶棚、地板、顶灯。在照明设计中，应充分考虑此时眼位高度水平面的照度。此外，所有照明器的开关、控制等都需根据这个高度作出相应的调整，并对部分重要视看对象加强照明，加以强调。

卧（半躺）。卧姿方面，除了平躺外（与年轻人无较大差异），由于躺的时间较长，容易疲劳。半躺也是老年人最常保持的休息姿态之一。在这种姿态下，老年人的视野范围朝向斜上方。因此，其视看对象的清晰度由高到低排序依次是：顶棚、墙面、壁灯、顶灯、导视牌、扶手、桌面、应急照明、地板。应重点考虑老年人在休息状态下需要看见什么，想要看见什么，并在照

明设计中给予一定的满足。在保证视
觉舒适度的同时，通过照明调节老年
人的情绪甚至昼夜节律。

1.2.3 情绪及生理变化

世界卫生组织报告显示[1]，情绪
障碍是老年人群的重要疾病负担之一
（图1-7），不良的情绪会扰乱人体正常
生理功能，使机体平衡失调，影响防御
功能，免疫功能也会下降，导致诸如睡
眠障碍及阿尔茨海默病（Alzheimer's
disease，简称AD）等疾病发生和发
展。老年人的主要情绪问题有紧张、
焦虑、抑郁、沮丧、暴躁、愤怒等。紧
张、焦虑的情绪会使老年人心率加快，
血流的阻力加大，从而导致血压增高，
持久的紧张或焦虑会加大老年人患高血
压的风险。抑郁、沮丧会使老年人对日
常生活丧失兴趣、情绪消沉、自卑，甚

图1-7　情绪障碍是老年人群的重要疾病负担之一
图片来源：https://www.medscape.com/viewarticle/850588

至会出现情绪不稳定、狂躁、自杀等倾
向[2]。暴躁、愤怒会引发老年人头痛、
头晕，甚至晕厥等，严重时可能导致
中风。

此外，研究还显示[3]，光照不足
会引起老年人多种情绪障碍及生理疾
病。满足人体的非视觉效应（情感效
应、生物效应）的光环境，其瞳孔照
度推荐达到1000lx以上。

1 KANEL R, DIMSDALE J E, ANCOLI-LSRAEL S, et al. Poor sleep is associated with higher plasma proinflammatory cytokine inter-leukin-6 and procoagulant marker fibrin d-dimer in older care-givers of people with alzheimer's disease［J］. Jouranal of the American Geriatrics Society, 2006（54）：431-437.

2 ANCOLI-LSRAEL S, PARKER L, SINAEE R, et al. Sleep fragmentation in patients from a nursing home. Journal of gerontol, 1989, 44（1）：M18-M21.

3 BOMMEL W J M V. Non-visual biological effect of lighting and the practical meaning for lighting for work practical meaning［J］. Applied ergonomics, 2006, 37（4）：461-466.

1.3 老年人的居住及光环境现状

1.3.1 我国养老照明标准及现状

尽管我国已经是世界上老年人口数量最多的国家了,但我国社会并未对此做好充分准备,社会服务及公共医疗支持尚不能满足与日俱增的养老需求。我国老年人生存状态差,在建筑环境,尤其是光环境方面主要表现在以下几方面:

1)社会服务机构(养老建筑)建设严重滞后,病患得不到良好的护理

我国老年人口正在高速增长,但老年服务机构建设严重滞后。虽然养老建筑数量正在快速增长,但目前老

年服务设施仍然无法满足巨大的社会需求。相关统计数据显示,截至2014年底,全国各类提供住宿的社会服务机构为3.7万个。其中登记注册为事业单位的机构有1.6万个;床位613.6万张,比上年增长16.5%。如图1-8所示,每千人平均拥有社会服务机构床位4.5张,比上年增长15.4%。收留抚养334.9万人,比上年增长3.8%。全国各类养老服务机构和设施94110个,其中,全国由民政部门管理的智障与精神疾病服务机构仅有254个,拥有床位仅8万张。其中社会福利医院(精神病院)156个,床位4.9万张。国家统计局数据还显示,我国上海地区每千名老年人拥有养老床位仅有22

图 1-8　2005—2014年我国养老机构床位的增长趋势

张。可见，我国的养老机构数量严重不足，而能接纳失智老人的社会服务机构更是稀缺。

2）建筑环境品质不佳，对老年人的身心健康及病情发展产生影响

正是由于我国养老建筑数量处在快速增长阶段，建筑设计普遍忽略了环境品质（声、光、热工环境）对老年人身心健康的影响。其中光环境方面表现得尤为突出。

养老建筑的标准对光环境的考虑并不全面，仅对老年人视觉需求的照度值及日照时长等基本参数有所提及。如，《建筑照明设计标准》GB 50034-2013对老年人卧室和起居室的照度及显色性提出了要求，其中，卧室的阅读照度为300lx，起居室的阅读照度为500lx，如表1-1所示。这些照度仅考虑了视觉作业的需求，并没有考虑光对老年人节律的影响，光的生物效应方面的研究认为：①光照刺激照度越高，对人体节律起到的调节作用越强，300lx和500lx照度值对褪黑激素的抑制率较弱[1]。②蓝光对人体昼夜节律的调节作用大于红光[2, 3]，因此，创造利于人体节律的健康室内光照环境需

《建筑照明设计标准》GB 50034-2013养老空间照明指标　表1-1

房间或场所		参考平面及其高度	参照标准值 / lx	R_a
职工宿舍		地面	100	80
老年人卧室	一般活动	0.75m水平面	150	80
	床头、阅读		300*	80
老年人起居室	一般活动	0.75m水平面	200	80
	床头、阅读		500*	80
酒店式公寓	—	地面	150	80

注：*指混合照度。

1 MCINTYRE I M, NORMAN T R, BURROWS G D, et al. Human melatonin suppression by light is intensity dependent[J]. Journal of pineal research, 1989, 6（2）: 149-156.

2 REA M S, FIGUEIRO M, BULLOUGH J D. Circadian photobiology: an emerging framework for lighting practice and research[J]. Lighting research & technology, 2002, 34（3）: 177-190.

3 REA M S, FIGUEIRO M, BULLOUGH J D, et al. A model of phototransduction by the human circadian system[J]. Brain research reviews, 2005, 50（2）: 213-228.

要进行光谱筛选，并不是简单地引入自然光。③人体白天接受的累计光照量越大，白天的褪黑激素浓度越低，活动量就会越大，夜间睡眠质量自然更好[1]。然而，由于人在白天活动时接受的光照刺激是动态变化的，因此养老建筑内的光环境设计对此也应该有所考虑。目前我国已建成的养老建筑在这些方面还没有做出回应。

此外，健康老人和失智老人在各方面都有着较大差异，然而，目前大部分失智老人照料中心并没有针对失智老人的居住空间进行个性化处理，而是与普通养老建筑一样对待。

3）老年人特殊的行为模式，导致其接触的光照刺激严重不足

由于身体机能衰退，老年人会出现行动不便的问题，有的老年人甚至常年卧床不起。这些身体原因导致老年人较少参与室外活动，接受自然光照刺激的机会自然较少。此外，同济大学的相关研究显示[2]，在人工照明条件下，我国50%的起居室夜间的照度仅为40～80lx，可见，中国居住空间人工照明远未达到住宅照明标准的要求（起居室的照度标准值为100～300lx）。因此，老年人在室内即使常年开灯，接收到的光照刺激也有限。简言之，老年人由于身体退化导致的行为变化致使其接受到的光照刺激远远达不到身体所需。这些现状导致了中国城市居住空间光环境难以满足老年人生理和心理的照明需求[3]。

1.3.2 日本养老照明标准

日本工业标准中的照度标准规定了住宅等居住空间需要的照度。本书以此来与老年人所需的照度进行比较。

根据日本工业标准的规定，书房、餐厅、厨房、厕所、楼梯、走廊等地点的整体照明，都必须达到30～100lx的照度（表1-2，A）。老年人在这些地点

1 EMENS J S, BURGESS H J. Effect of light and melatonin and other melatonin receptor agonists on human circadian physiology. Sleep medicine clinics, 2015, 10（4）：435–453.

2 陈尧东，郝洛西，崔哲. 中性色调起居室光照环境人因工学研究［J］. 照明工程学报，2014, 25（4）：29–34.

3 BOMMEL W J M V. Non-visual biological effect of lighting and the practical meaning for lighting for work practical meaning［J］. Applied ergonomics, 2006, 37（4）：461–466.

日本住宅建筑照度标准 表1-2

整体照明		局部照明	
地点	照度 / lx	作业内容	照度 / lx
儿童房、读书室、家事间、工作室	75~150	手艺、裁缝、缝纫	750~2000
		进修、读书	500~1000
浴室、衣帽间、门厅（内侧）		刮胡子、洗脸、化妆	200~500
		洗衣、脱鞋	150~300
书房	50~100（深夜的厕所照度为1~2lx）	读书、阅读	500~1000 —— C
餐厅、厨房、厕所		料理台、操作台、餐桌	200~500
A —— 客厅、西式接待室、日式接待室		打电话、化妆、读书	300~750
走廊、楼梯	30~75（深夜的楼梯照度为1~2lx）	团聚、娱乐桌子、沙发和室桌、展示空间	150~300
车库		检查车辆、打扫	200~500
庭院		庭院派对、用餐	75~150
卧室	10~30（深夜的卧室照度为1~2lx）	读书、化妆	300~750
防盗	1~2		

进行日常活动，若没有任何障碍的话，则需要50lx以上的照度（表1-3，B）。按照一般照明设计是没有问题的。但如果要进行特定活动，则需要更进一步的考量。比如，一般读书所需的照度为500～1000lx（表1-2，C），老年人则需要600～1500lx（表1-3，D）。只用整体照明无法达到这个标准，因此会用50lx的整体照明来搭配落地灯、台灯等灯具，以一个房间使用成组照明的方法来应对。

从表1-2与表1-3的对比可以看出，日本照明标准在针对老年人视觉需求的个性化考虑方面做得比我国好。日本对养老空间的光环境分为"整体照明"和"局部照明"两种进行评价，一方面解决了老年人在一般行为下对高亮度光环境（尤其是"眩光"）敏感的问题，另一方面又顾及老年人在视觉作业时照明数量需求高于年轻人的视觉特点。

另外，针对老年人的视觉特征，日本照明规范还规定：由于老年人视觉适应能力降低，从明亮的空间移动到黑暗的空间时，应减少照度上的落差（如走廊与

日本养老空间照度标准 表1-3

整体照明		局部照明	
地点	照度 / lx	作业	照度 / lx
客厅	50~150	手绘、裁缝	1500~3000
走廊	50~100	阅读	600~1500
门、通道、门厅外	3~30	料理台、餐桌、洗脸	500~1000
深夜的厕所	10~20	化妆、洗衣服	300~600
紧急用	10	深夜步行	1~10

书房间的照度落差）。由于老年人视觉特征的个体差异大，需依照特定高龄者的需求，在整体照明的基础上增加局部照明。此外，《日本建筑标准法》规定的紧急照明为：地板照度需在1lx以上，紧急时要让高龄者得到足够的照度，最好要达到10lx以上。表1-4为欧洲适老照明的相关指标及其他照明建议。

老年公寓的照明建议 表1-4

功能空间	The indoor Lighting Standard（SFS-EN 12464）/ lx	欧洲照明企业的照明建议
接待/入口	300	300lx
走道	白天 200 夜晚 50	白天：至少 60%的光效应该集中在休息区 夜晚：50lx，应提供将照度升至 100lx的可能
公共空间/娱乐室	200	早上：照度300 ~ 500lx，色温4500 ~ 6500K 中午：照度 1500lx，色温 4500~ 6500K 晚上：照度300 ~ 500lx，色温2700 ~ 3500K
卧室/浴室	卧室100 浴室200	卧室：照度至少 300lx，色温 2700 ~ 3500K 阅读区域 / 检查区域/夜间方向照明照度：1000lx 浴室：照度300lx，色温2700 ~ 3500K
行政区/任务区	500	500lx（提供调光的可能，尤其是夜班工作时间）

注：在亮区与暗区、室内与室外之间适当增加过渡区，以保证老年人的视觉适应。

第二章

我国适老照明现状

上海市第三社会福利院失智老人照料中心

2.1 上海市第三社会福利院简介

上海市第三社会福利院（以下简称"三福院"）失智老人照料中心中是上海市首家专业照料失智老人的福利中心，于其中居住的为失智失能老人。如图2-1所示。

2.1.1 平面、空间分构成

三福院失智老人照料中心共5层，每层空间布局基本一致，主要有入口大厅、活动区、餐厅、护理单元间、走廊、感官训练室等。图2-2～图2-5为失智老人照料中心标准层平面布局、内部空间及使用情况。

图2-1 三福院空间模型与失智老人照料中心位置
图片来源：陈尧东 摄

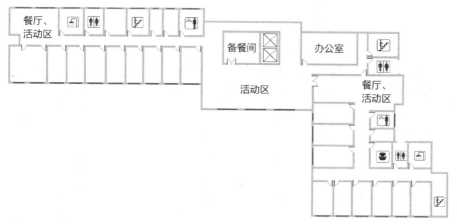

图2-2 失智老人照料中心区位图、标准层平面图

图2-3　失智老人照料中心内部情况

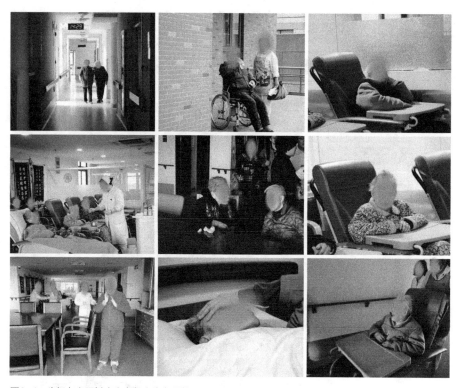

图2-4　失智老人照料中心老年人生存现状

a	b	
c	d	f
e		

a. 走廊空间引入充足的自然光及室外景观，有助于老人感知时间，强化昼夜节律

b. 适当的户外活动并接受足量自然光照射，有助于老年人保持身心健康

c. 大部分老年人存在"一体多病"的情况，每天需要吃大量药物以缓解病情

d. 两个失智老人看似在热烈交谈，但彼此谈话内容并无关联，各说各的

e. 睡眠障碍是失智症的常见临床表现之一

f. 失智老人白天大部分时间坐在轮椅上（包括吃饭、看电视、移动）

图2-5 失智老人照料中心空间光环境现状

目前，国内机构养老空间光环境的适老化程度普遍较低，光环境品质不佳。

2.2 各功能空间照明情况

2.2.1 护理单元间

护理单元间窗户较大，朝南，白天的自然采光较充足。人工照明光源为吸顶灯，发光面积较小，图2-6的图像亮度照片中所得亮度数据为：护理单元间的平均亮度为16.7cd/m²，光源处亮度为1050cd/m²左右，窗口平均亮度为30.8cd/m²，床面平均亮度却只有6.2cd/m²。

可见，房间内平均亮度严重不足，而光源表面的亮度非常高。吸顶灯这种点光源由于发光面积小，为满足整个空

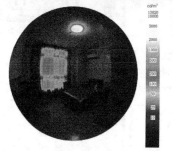

图2-6 养老护理间照片及图像亮度照片

图2-7 大厅照片及图像亮度照片

间的照明，发光表面亮度必然非常高，产生严重的眩光，这种光源用于养老空间并不合理。

2.2.2 入口大厅

如图2-7所示，入口大厅照明主要由顶部的暗槽灯带和嵌入式筒灯提供，光源为荧光灯。大厅东面有大量开窗，因此自然采光较充足。在天气较好、自然采光充足时，能满足老年人的集体活动需要。相关亮度测量数据为：入口大厅空间平均亮度约为19cd/m²，光源处亮度为3000cd/m²左右，窗户附近地面亮度在50cd/m²左右，地面平均亮度只有8.2cd/m²。

从以上数据可以看出，入口大厅人工照明存在较大问题。嵌入式筒灯光源面积太小，发光亮度太大，是空间平均亮度的200多倍，因此，在阴天会产生大量眩光。

2.2.3　走廊

走廊光源与房间光源一样，也是吸顶灯，两边分布着老人宿舍，灯具间距约2.5m。由于建筑采用中间走廊的布局，走廊内自然采光较少，在不开灯的情况下，即使在白天走廊也很暗。图2-8是走廊的实景照片和图像亮度照片，相关亮度测量数据为：走廊空间平均亮度约为5~6cd/m²，光源表面亮度约为666cd/m²，地面平均亮度只有4.2cd/m²。

从以上数据可以看出，走廊内的平均亮度非常低。因此，老年人在走廊里行动几乎可以视为摸黑前行；而光源亮度666cd/m²，可以为老年人提供指向性照明，但由于空间亮度和光源亮度差异巨大，老人在行走时也是忍受着眩光前行的。总而言之，走廊的照明品质较差。

2.2.4　活动区

如图2-9所示，活动区阳光充足，即使不开灯空间亮度也不低；但离窗户

图2-8　大厅照片及图像亮度照片

图2-9　活动室照片及图像亮度照片

较远的地方亮度衰减非常迅速，照明均匀度较差，因此即使在白天也需要适当补充人工光。活动区的光源为嵌入式筒灯，呈整列分布。嵌入式筒灯由于是点光源，发光面积太小，非常容易产生眩光，因此，在活动室使用这种光源并不合理。相关亮度测量数据为：活动区空间平均亮度约为37.0cd/m²，窗户附近地面亮度约为100cd/m²，地面平均亮度约为34.2cd/m²。

2.3 标准单元间光环境分析

图2-10为标准单元间的平面及空间布局，房间进深7.3m，宽6.6m；南向开窗，开窗面积为7.14m²（3.57m²×2）。房间室内布局分为休息区和公共活动区域两部分，如图2-11所示，公共活动区在房间中部，内部布置有洗手池，顶部有空调系统，层高较低（2.4m）；休息区分列两侧（层高3.2m），每侧布置3个床位，床边有边桌，床头有挂壁式储物柜。

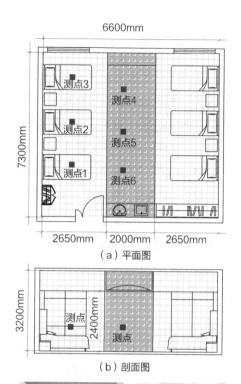

（a）平面图

（b）剖面图

（c）公共活动区　　（d）休息区

图2-10　标准养老单元间平/剖面图

2.3.1 自然采光分析

1）24小时采光动态

标准单元间沿南北轴向对称，因

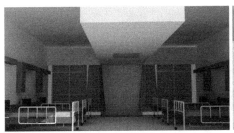

图2-11　标准单元间空间布局图

此在图2-10所示6个测点安装实时照度测量仪器，测点1、测点2和测点3可以对应到对面3张床上的照度情况，测点4、测点5和测点6记录了房间公共区域离窗不同垂直距离处的照度信息。每隔10分钟记录一次照度数据。测量时间从2017年4月17持续至2017年6月5日，每台设备收集了7202个数据。由于测点5处设备出现故障，数据损毁，因此，共得到测点1、测点2、测点3、测点4和测点6五个测点的照度经时变化曲线，如图2-12～图2-16所示。其中图2-12、图2-13和图2-14分别是3个床位中心位置的照度变化曲线。从三张图的变化趋势可以看出，随着测点离窗的距离增大，照度值呈急剧下降趋势。窗边的床位照度峰值在2500lx以上，中间床位的照度峰值

降至500lx，而房间最深处的床位照度峰值不足200lx，大部分时间无法满足老年人的视觉作业需要。从公共区域的2个测点照度的变化趋势来看，离窗越远，照度值越低。其中测点4的照度峰值约为150lx，而测点6处的照度峰值只有100lx左右。从测点1和测点4、测点3和测点6的对比结果看来，公共区域由于没有窗户，采光量严重低于床周边区域。

通过数据筛选，得到各测点一天的典型照度动态变化曲线（以4月17日的照度变化曲线为例），如图2-12～图2-16所示。从图中可以看出，6:00左右，阳光开始进入室内，照度开始缓慢上升。期间照度有微小波动，可能是云层遮挡太阳光所致。12:00至13:00间，照度达到峰值，然

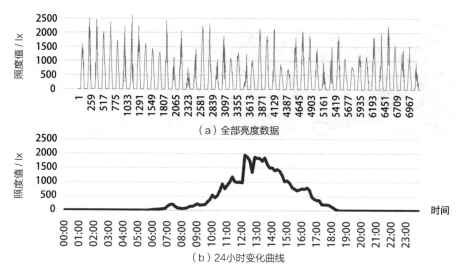

图2-12 测点1全部照度数据及24小时变化曲线

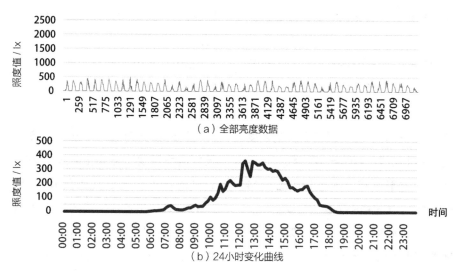

图2-13 测点2全部照度数据及24小时变化曲线

图2-14 测点3全部照度数据及24小时变化曲线

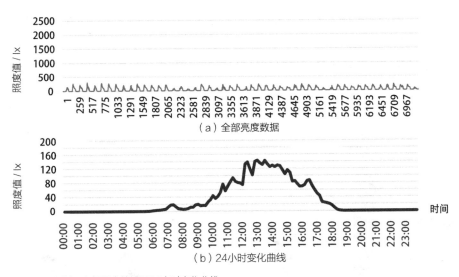

图2-15 测点4全部照度数据及24小时变化曲线

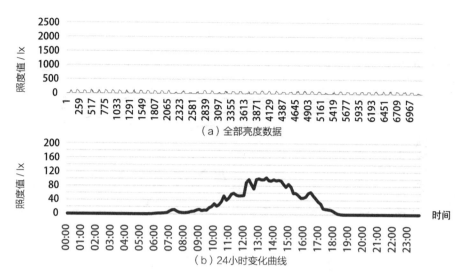

图2-16　测点6全部照度数据及24小时变化曲线

后缓缓下降，直到18:00左右，太阳下山，室内自然光完全消失。

假设每个测点的太阳光照射每10分钟辐射出1个单位的光照量，通过积分得到一天中各个测点的累计光照量值，如图2-17所示，从图中可以看出近窗处的床位一天接受的累计光照量达到了约52206个单位，而中间和房间

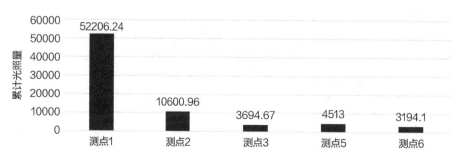

图2-17　各测点一天接受的累计光照量

深处床位接受的累计光照量分别约有10600和3694个单位，下降趋势非常剧烈。

2）全年采光情况

该老年养护建筑大部分单元间都是南向房间。通过用DIALux evo构建标准单元间的建筑模型，模拟出标准单元间一年中典型节气——春分、夏至、秋分及冬至日白天的自然采光变化情况。如表2-1、表2-2所示，在理想状态下，8:00到16:00，有太阳直射光的

晴天，房间内工作平面（离地0.75m）全年的平均照度为317~3279lx，能保证至少8个小时仅利用自然采光就能满足老年人基本的视觉作业需求；夏天自然采光甚至可达10个小时。但是由于房间进深太大，沿进深方向的采光衰减太严重，因此，房间深处采光并不理想。从表2-1伪色图中可以看出，春分、秋分及冬至三天，早上10:00到下午14:00的4个小时内所有床面照度都能达到290~405lx，其他时间房间最深处

全年自然采光情况（春、夏） 表2-1

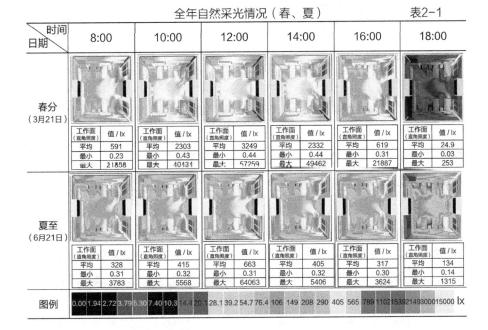

时间 日期	8:00		10:00		12:00		14:00		16:00		18:00	
春分 （3月21日）	工作面 （直角照度）	值/lx	工作面 （直角照度）	值/lx	工作面 （直角照度）	值/lx	工作面 （直角照度）	值/lx	工作面 （直角照度）	值/lx	工作面 （直角照度）	值/lx
	平均	591	平均	2303	平均	3249	平均	2332	平均	619	平均	24.9
	最小	0.23	最小	0.43	最小	0.44	最小	0.44	最小	0.31	最小	0.03
	最大	21858	最大	40431	最大	57259	最大	49462	最大	21887	最大	253
夏至 （6月21日）	工作面 （直角照度）	值/lx	工作面 （直角照度）	值/lx	工作面 （直角照度）	值/lx	工作面 （直角照度）	值/lx	工作面 （直角照度）	值/lx	工作面 （直角照度）	值/lx
	平均	328	平均	415	平均	663	平均	405	平均	317	平均	134
	最小	0.31	最小	0.32	最小	0.31	最小	0.32	最小	0.30	最小	0.14
	最大	3783	最大	5568	最大	64063	最大	5406	最大	3624	最大	1315
图例	0.00 1.94 2.72 3.79 5.30 7.40 10.3 14.4 20.1 28.1 39.2 54.7 76.4 106 149 208 290 405 565 789 1102 1539 2149 3000 15000 lx											

全年自然采光情况（秋、冬） 表2-2

时间 日期	8:00		10:00		12:00		14:00		16:00		18:00	
秋分 （9月21日）												
	工作面 （直角照度）	值/lx	工作面 （直角照度）	值/lx	工作面 （直角照度）	值/lx	工作面 （直角照度）	值/lx	工作面 （直角照度）	值/lx	工作面 （直角照度）	值/lx
	平均	709	平均	2373	平均	3279	平均	2021	平均	463	平均	0.00
	最小	0.34	最小	0.43	最小	0.43	最小	0.42	最小	0.29	最小	0.00
	最大	25409	最大	50951	最大	57194	最大	47540	最大	16865	最大	0.00
冬至 （12月21日）												
	工作面 （直角照度）	值/lx	工作面 （直角照度）	值/lx	工作面 （直角照度）	值/lx	工作面 （直角照度）	值/lx	工作面 （直角照度）	值/lx	工作面 （直角照度）	值/lx
	平均	765	平均	3497	平均	5137	平均	3138	平均	451	平均	0.00
	最小	0.35	最小	0.63	最小	0.70	最小	0.65	最小	0.24	最小	0.00
	最大	7159	最大	28077	最大	34765	最大	27737	最大	4203	最大	0.00
图例	0.00 1.94 2.72 3.79 5.30 7.40 10.3 14.4 20.1 28.1 39.2 54.7 76.4 106 149 208 290 405 565 789 1102 1539 2149 3000 15000 lx											

的床位照度只能维持在149~208lx，尚未达到老年人视觉作业的需求。而在夏至日，由于太阳高度角较高，太阳直射光较少，进入室内的大部分是漫射光，室内光分布较均匀，工作面平均照度为317~663lx。

在自然采光的情况下，由于极端的亮度对比，不合理的光分布，室内照明品质并不高。靠窗的老年人由于无法忍受太阳直射光，会选择拉上窗帘；而房间深处的床位却常年光照不足，昼间光照不足以对老年人生理节律及其他健康问题产生明显作用。因此，合理的人工照明对弥补自然采光的不足至关重要。

2.3.2 人工照明情况分析

图2-18所示为标准单元间内的灯具信息，从图中可以看到，休息区主要照明器为吸顶灯，安装在床的正上方，光源为节能灯。单独开启时能为床面区域提供约144lx的照度，基本达

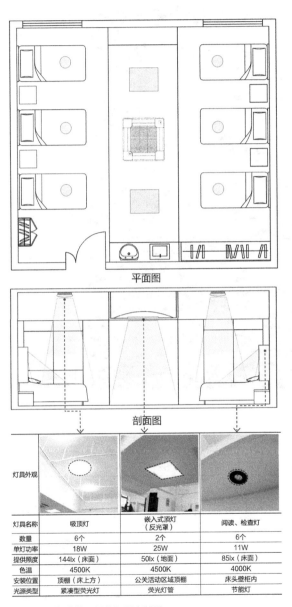

平面图

剖面图

灯具外观			
灯具名称	吸顶灯	嵌入式顶灯 （反光罩）	阅读、检查灯
数量	6个	2个	6个
单灯功率	18W	25W	11W
提供照度	144lx（床面）	50lx（地面）	85lx（床面）
色温	4500K	4500K	4000K
安装位置	顶棚（床上方）	公关活动区域顶棚	床头壁柜内
光源类型	紧凑型荧光灯	荧光灯管	节能灯

图2-18 标准单元间的灯具安装图

到了我国老年人居住空间照明标准的要求，也能供老年人进行简单的视觉作业。但是，由于吸顶灯发光面积小，单位面积流明值高，且光主要投向地面，导致光源表面与顶棚亮度对比度太大，尤其是夜间，影响视觉舒适度。通过LMK图像亮度计测量房间中的亮度，如图2-19和表2-3所示，灯具表面亮度达到1428cd/m^2，顶棚平均亮度却只有19.52cd/m^{2}左右，床面平均亮度仅为4.947cd/m^2。通过软件计算出老人平躺视角时，室内的UGR值约为20。大量研究和调研工作显示，老年人由于视觉系统衰退，对眩光非常敏感，眩光会使老年人视觉暂时性模糊。在室内环境中，使人感到不舒适的眩光（UGR）分级如下：19为感觉舒适与不舒适的界限值，16为刚刚可接受的值，13为刚

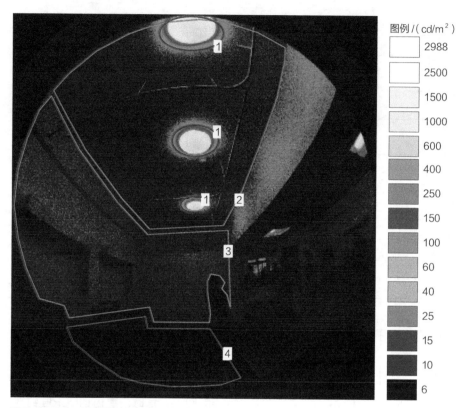

图2-19 休息区域图像亮度照片

休息区域内图像亮度信息（对应图2-19）

表2-3

室内分析区域	对应图2-19区域	最小亮度/ （cd/m²）	最大亮度/ （cd/m²）	平均亮度/ （cd/m²）
灯具表面	1	600.5	2116	1428
顶棚	2	0	597.3	19.52
墙体	3	0	62.19	15.11
床面	4	0	140.1	4.947

刚感到眩光的值，10为无眩光感值。但老年人对眩光更敏感，因此UGR值为20的情况下，老年人会感觉非常刺眼，且易出现眩晕等症状。研究显示，大量失智老人存在情绪障碍，而不当的照明，如眩光、阴影等视觉刺激容易引起此类老人情绪失控。因

此，在失智老人养护空间采用吸顶灯是不合理的。

此外，床头壁柜内装有投光灯，用于阅读及检查照明，光源为节能灯。但投光灯光线太过集中，也容易产生令人感到不舒适眩光。

图2-20是公共区域在有人工照明

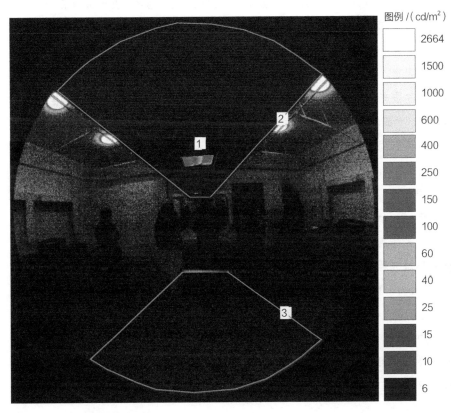

图2-20 公共区域图像亮度照片

公共活动区域图像亮度信息（对应图2-20）　　　表2-4

室内分析区域	对应图2-20区域	最小亮度/ （cd/m²）	最大亮度/ （cd/m²）	平均亮度/ （cd/m²）
灯具表面	1	81.09	255.3	127.2
顶棚	2	0	80.93	7.534
地面	3	0	51.93	8.234

的情况下的亮度分布图。公共活动区顶棚安装有空调及风道系统，层高较低矮，此区域靠近窗间墙，进入的自然光较少，因此，给人阴暗、狭窄的感觉。该区域主要光源为2盏嵌入式顶灯，带反光罩，为二次反射灯具，光源为荧光灯管。两灯同时开启时，地面的照度仅在50lx左右。如表2-4所示，灯具表面亮度仅有127.2cd/m²，地面平均亮度只有8.2cd/m²左右。由于灯具嵌入顶棚内，光线直达地面，顶棚只靠反射光和环境光照亮，因此，平均亮度仅为7.5cd/m²。研究显示，人更愿意在明亮的空间里进行集体活动。亮度分布较均匀的空间给人宽敞，舒适的感觉。因此，公共活动区域使用率很低，老人反而更愿意待在自己的床边，即使有集体活动，也愿意集中在窗边的床位处。

通过跟踪采访及照片记录，研究获得失智老人照料中心的老年人在无特殊安排的情况下的作息安排如表2-5所示。从表可以看出，老人们的生活是非常规律的，显得枯燥无味，因此，失智老人照料中心每周会在固定时间组织趣味活动，如，周三或周五会有志愿者陪同玩游戏（搭积木、做手工等）。部分间歇性发病、自理能力较强的老年人会做一些简单的视觉作业，如看书等。

作者访谈了理解能力较好、具有一定沟通能力的老人及间歇性失智老人。从访谈信息来看，老年人对光的总体感受及重视度不高，部分老人抱怨眩光问题。

三福院失智老人一天的作息安排　　　　　表2-5

时间	活动	活动描述
5:00-7:00	早上起床	部分老人需要护工帮忙穿衣，部分能够自理，部分长期卧床
7:00-9:00	吃早餐	部分在房间吃，部分在饭厅吃
9:00-11:00	活动室 自由活动	看电视、聊天或发呆，10:00左右为甜点时间
11:00-12:00	吃午饭	除卧病不起的老人及有特殊需求的老人外，都在饭厅用餐，大部分老人由护工协助进食，仅有3位老人能自主进食
12:00-13:30	午休	大部分老人回房间休息，或看电视，但为防止夜晚无法入睡，无特殊情况，护工一般不允许老人午休时睡觉
13:30-16:30	活动室 自由活动	看电视、聊天或发呆，14:30左右为甜点时间
16:30-17:30	吃晚饭	除卧病不起的老人及有需求的老人外，都在饭厅用餐，大部分老人由护工协助进食，仅有3位老人能自主进食
17:30-18:30	上床、睡觉	护工陆续协助老人上床，大部分老年人在床上从事其他活动，并不会立即入睡

第三章

光的疗愈作用

3.1 光的视觉效应

研究显示，光照刺激可以通过视觉效应和非视觉效应作用于人体，对人的影响表现出多样性与复杂性，不仅对视觉，还对情绪和行为产生影响。图3-1所示为光照对人体健康的作用机理图。

我们感知外部世界，80%的信息是来自视觉，"看"比"听"的信息传递速度快10倍。

光的视觉效应是指人的眼睛在接受可见光的刺激后产生视觉的生理现象。视觉的产生是由光照刺激、眼睛感光、视觉信息传导、中枢感知共同完成；光线进入人眼之后，经过晶状体的折射，在视网膜上形成视觉影像，视网膜上的感光细胞（锥状细胞、杆状细胞）感知视觉信息，通过视神经将信息传递到大脑皮层的视觉中枢，得到大脑意识响应，视知觉由此而产生。

视觉效应除了使人能看见世界外，对人的情绪及心理感受也会产生影响，如艺术给人美的感受，陶冶人的情操，甚至净化人的心灵。视觉影

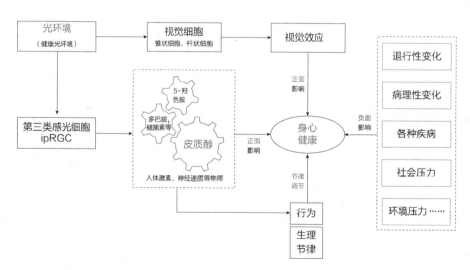

图3-1　光照对人体健康的作用机理图

响人的心理、情绪，甚至生理健康，是一个异常复杂的机制，涉及人的个体差异，如文化背景、种族等。而光的分布和色彩是对人情绪及心理影响最大的两个因素。

3.1.1　明暗分布与视觉心理

不同照明程度及明暗分布的空间给人的心理感受不同。视觉可以欺骗人，可以影响人们的情绪和行为。同样的空间，不同的光照可以使其显得更宽敞或狭小；可以使人感到轻松愉快，也可以使人感到压抑。

"开敞—封闭"感。房间的开敞程度不仅与照度有关，还与光分布、照明方式等密切相关。当房间内部（或视野范围内）各个表面亮度较高，且都被均匀照亮，房间会显得更加开敞，尤其是视野范围周边界面的明亮程度，对人对空间大小的感知起重要作用。若视野范围周边亮度较低，则会使视野能见范围缩小，空间自然显得更封闭或狭窄，如图3-2所示。

轻松感。轻松的光照环境利于使疲倦的人获得休息，舒缓其紧张的情绪。当环境整体亮度较低，亮度由中心向外围逐渐变暗，远处界又有一定的可见度时，人容易获得轻松感。一般来讲，暖色光比冷色光更利于营造轻松、慵懒的氛围。营造轻松的氛围要求避免一切眩光，特别是视野范围内的眩光，如图3-3所示。

私密感。与轻松感相反，私密感需要中间区域较暗、周边区域较亮的光环境。通常人们喜欢在一个轻松、较暗的环境中和朋友交谈，但为了私

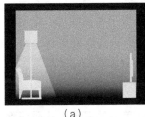

（a）　　　　　　　　（b）　　　　　　　　（c）

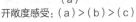

开敞度感受：（a）>（b）>（c）

图3-2　开敞度感受示意图

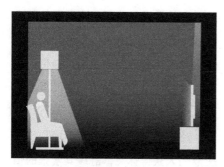

图3-3 轻松感示意场景

图3-5 不安全感示意场景

图3-4 私密感示意场景

密和安全，所以希望周围亮一些。如咖啡厅、公园，这种公共空间，人喜欢聚集于较暗的角落，但又愿意看到较明亮的周围，如图3-4所示。

恐怖、不安全感。当人处在一个高亮度区域，而周边环境完全黑暗，几乎没有可见度时，会感到不安全、恐怖。当周围区域只靠工作区照明的泄漏光形成非常低的照度时，就会使家具和其

他空间中的物体变形，令人产生异样的感觉，从而加重恐怖、不安全感，如图3-5所示。

黑洞感。晚上当室内照度比室外高很多时，窗玻璃上就会出现明亮的灯具和室内环境的反影，使室外像一个黑洞，形成了视干扰，也可能形成二次反射源；特别当使用光反射比高的涂层玻璃，并且窗口又相对设置时，反射形象经多次反射，将使这种视觉干扰达到很严重的程度。这时，如采用低亮度灯具或在窗上挂上窗帘就可减轻或消除这种现象。如果有室外花园，可用一些室外照明，这样，就可看到窗外美丽的景园，从而消除或减弱黑洞感，如图3-6所示。

人所看到的环境可以唤醒其以往

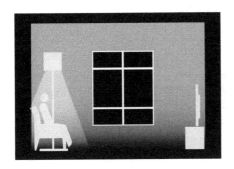

图3-6 黑洞感示意场景图

的经历，有愉快的，也有不愉快的。视觉作用于人的情绪和心理也是基于人的成长经历，个体差异导致了我们不能用统一的方法去解决每个人的问题，而是需要用循证设计的方法，关注个体，回应其需求，营造利于产生正面情绪的视觉环境。

3.1.2 色彩与视觉心理

可见光作用于人眼的颜色视觉系统，不同波长的可见光给人以不同的颜色感受。如表3-1所示，紫色光、蓝色光波长较短，红色光波长较长，绿色光和黄色光位于可见光谱的中间部分。

同亮度及亮度分布对人情绪的作用一样，颜色视觉也能影响人的情绪和心理，且影响作用更大，表3-1所示为不同明度、彩度和色相的颜色给人的心理感受。现实生活中，应用这

色彩与人的心理感受　　　　表3-1

色彩属性		色彩心理	色彩示例
亮度 (L)	高亮度	轻快、明朗、清爽、淡薄	
	中亮度	附属性、随和、无个性	
	低亮度	阴暗、压抑、个性	
饱和度(S)	高饱和度	新鲜、活泼、刺激、鲜艳	
	中饱和度	日常、中庸、稳定	
	低饱和度	陈旧、寂寞、无刺激	
色调 (H)	暖色系	暖和（燥热）、热情、喜悦、活力	
	中性色系	温和、安静、平凡、可爱	
	冷色系	寒冷（凉爽）、消极、深远、沉着	

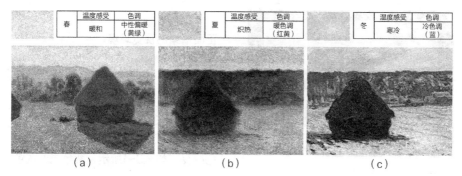

图3-7 光的颜色视觉感受
图片来源：网络

些色彩心理学的相关知识去营造人居环境，以调节人情绪、行为的案例屡见不鲜。另外，从视觉方面，色彩给人的感受分为以下三个维度：

1）色彩的冷暖感

人对不同色彩的冷暖感受主要源于人们对客观世界中自然光的颜色倾向与身体冷暖感受的对应关系经验：盛夏热，阳光偏黄；秋冬冷，阳光偏蓝。如图3-7所示，莫奈的油画《干草垛》表现的是不同季节的干草垛，其中最重要的差异便是色调。夏季的画面颜色基调偏黄，此时人的温度感受是热（或暖和）；而冬季颜色基调偏蓝，此时的温度感受是冷。总体来说，人的普遍色彩心理感受规律是：红、橙、黄色系与炽热的太阳联系在一起，给人热、暖和的感觉；而蓝、绿、紫则像大海（水），给人清凉、冷的感觉。

此外，人对颜色的冷暖感受还与不同波长（颜色）的光的热辐射量有一定的关系。从图3-8可以看出：红色的波长较长，热辐射量高，给人温暖的感觉；蓝光和紫光波长较短，热辐射量低，给人阴冷的感觉。

然而，老年人由于视觉系统衰退，对颜色的识别能力减弱，对颜色的主观感受也会发生变化。随着年龄增长，晶状体逐渐浑浊、变黄。黄光比较容易进入老年人的瞳孔，蓝绿光相对较困难。因此，老年人对黄光暖和甚至热的感受较年轻人强烈，而对短波蓝紫光的阴冷感较年轻人弱。

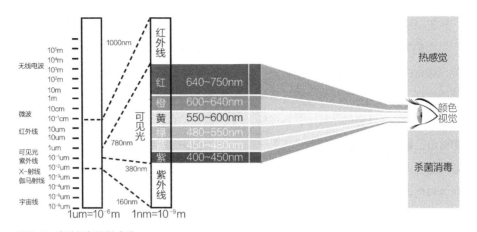

图3-8 光的颜色视觉感受
图片来源：https://m.sohu.com/a/165939794_658882?_f=m-article_12_feeds_1

2）色彩的远近感

人对不同色彩的视觉感受存在远近差异，人眼在同一距离观察不同波长的彩色光时，波长短的冷色，如蓝色、紫色，会在视网膜上形成外侧映像；而波长长的暖色，如红色、橙色，会在视网膜上形成内侧映像。因此人对不同的颜色有"冷色后退，暖色向前"的心理感受。色彩的前进、后退之感除了与光的波长有关，还与对颜色对比的感知度有关：高对比度的色彩给人前进感，低对比度的色彩给人后退感；明快的颜色给人前进感，暧昧的颜色给人后退感；纯度高的颜色给人前进感，纯度低的颜色给

人后退感。色彩的前进、后退所形成的距离错视的原理，在室内设计中经常被用来改变或加强空间层次感。比如，为了使空间收缩、显得更紧凑，墙面可选择冷色调；为了使空间显得更宽敞，则可以选择暖色调。

老年人视觉的衰退导致了其对颜色对比识别力减弱，且视觉清晰度下降。老年人对于高对比度的颜色（对比色）的识别力较高，对于对比度较小（邻近色）的颜色识别力较差，甚至无法识别。老年人，尤其是视觉系统存在明显病变的老年人对颜色的远近感受几乎消失。因此，对于老年人，这套理论在实际应用中存在较大问题。

3）色彩偏好

人们对色彩的偏好存在着民族差异，这是由社会意识形态、文化历史、宗教信仰、地区气候和风俗习惯等多种因素造成的。在色彩的选择上，各民族都有自己喜爱的某些颜色，而忌讳另一些颜色。人们都利用自己民族所喜爱的颜色和色调来绘制国旗、国徽，举行仪礼，庆祝民族节日，装饰建筑物等。例如，日本人比较喜欢柔和的色调，他们喜爱红、白、蓝、橙、黄等颜色，禁忌

图3-9 藏族色彩特点
图片来源：http://blog.sina.com.cn/u/1744398850;
photo.chengdu.cn
beijinghaian.net

黑白相间色、绿色、深灰色等。习惯上，红色被当作吉庆幸运的颜色。中国是一个多民族国家，各民族的色彩爱好与禁忌存在着一定差异。如汉族在丧事中使用的白色，藏族则视其为尊贵的颜色。图5-9所示为藏族的用色特点。

不同民族、不同国家的老年人对颜色的认知也遵循上述规律，但他们对颜色的偏好有一个共同的特点——怀旧，即对于熟悉的颜色有着稳定而持续的偏好。尤其是非原居养老的老年人，他们往往喜欢把现在居住的空间的室内色彩装点得和家里一致，因为这些颜色能给他们家的感觉，熟悉的颜色能在一定程度上给予老年人精神抚慰。

3.1.3 老年人的色彩视觉

在养老空间中，室内色彩及其搭配不仅可以改变室内光谱环境，老年人对不同的颜色还会有不同的视觉感受及情绪反应，因此室内色彩的合理应用能调节老年人的负面情绪，改善其生存环境，也可以提高其生活质量和幸福感。

老年人由于其视觉和心理变化，

对色彩的感受也会出现一些变化。首先，由于视觉系统的退化，老年人对颜色的敏感度下降，对低对比度的颜色的识别能力较弱，因此，在养老空间的颜色应用中，如果某些区域或物体不希望被老年人注意到，可以通过降低它与周围环境颜色的对比度来实现。这种做法在养老建筑中得到了大量应用，对容易迷路或走错方向的老年失智症患者尤为有效。如，养老建筑中不需要老年人进入的附属房间（如洗衣房、医务室等）的门，其颜色一般和墙面颜色接近，如图3-10（a）所示。而对于老年人自己的卧室门，适宜采用与墙面对比度高的色彩（一般为高饱和度、高明度的颜色），可

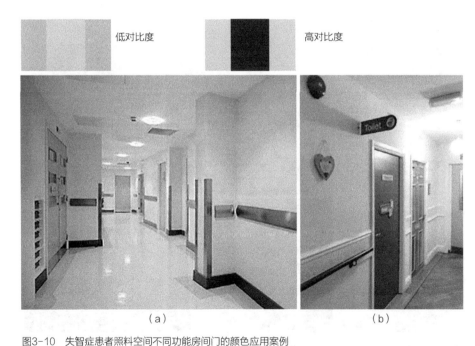

图3-10　失智症患者照料空间不同功能房间门的颜色应用案例

以刺激老年人的视觉，让他注意到这个房间，提醒他这个房间是可以进入的，如图3-10（b）所示。此外，对于需要老年人完成视觉作业的物件，一般使用颜色饱和度较高且对比度较大的颜色组合。图3-11所示为老年阿尔茨海默病患者用来训练智力、穿衣的器具以及其他益智器具，这些器具均运用了高饱和、高对比的颜色，以刺激老人的视觉，增加自身的可见度。

尽管如此，老年人从心理及视觉偏好层面，并不喜欢太艳丽及高对比度的颜色。老年人倾向于喜欢温暖、温馨的颜色，不喜欢过于刺激的颜色。

图3-11 失智症患者行为能力训练器具的颜色应用
图片来源：网络

3.2　光的非视觉效应

2002年，Berson[1]发现了第三类感光细胞（Intrinsically photosensitive Retinal Ganglion Cell，简称为ipRGC），打通了光作用于人眼视网膜的非视觉通道（图3-12）。后续研究相继证明[2]，光照刺激通过非视觉通路作用于人体，对人的影响表现出多样性与复杂性，不仅对人的情绪和行为产生影响，还对人的生理节律（如睡眠节律、饮食节律等）产生影响。

光的生物效应作用机理较复杂，但一有点较明确的是，光通过人眼作

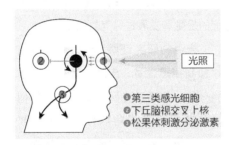

① 第三类感光细胞
② 下丘脑视交叉上核
③ 松果体刺激分泌激素

图3-12　光的非视觉通路

用于人体，影响着人体激素及其他神经物质的浓度，从而干预人的行为及情绪。图3-13所示为一天中人体内的褪黑素、皮质醇浓度与人觉醒度、体温之间的周期性变化规律。

3.2.1　褪黑素

褪黑素是1958年由Lerner等人发现的，命名为Melatonin。褪黑素控制着人的生理节律，在睡眠节律方面，表现出对睡眠的促进作用，其浓度越高对人睡眠的促进作用越强。正常生理状态下，人体褪黑素的分泌是夜多昼少，呈现昼夜节律性的波动。如图3-13所示，一天中，通常凌晨1:00到2:00褪黑素的分泌是最多的，中午12:00其分泌最少。

褪黑素的这种有节律的、随着黑暗周期发生的变化作为光的信号被大脑识别，并调节着人体昼夜节律和季节性节奏。当人体昼夜节律被打破，黑暗周期发生变化，褪黑素分泌则发

1　BERSON D M, DUNN F A, MOTOHARU T. Phototransduction byretinal ganglion cells that set the circadian clock［J］. Science 2002, 295（5557）: 1070.

2　STONE P T. The effects of environmental illumination on melatonin, bodily rhythms and mood states: a review［J］. Lighting research and technology, 1999, 31（3）: 71‐79.

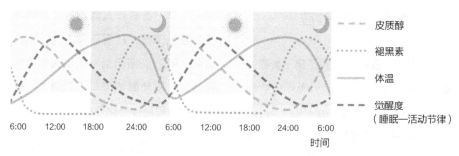

图3-13 人体昼夜节律与身体激素间的周期关系

生异常，这将影响人体的生理机能。

褪黑素在人体免疫系统、心血管系统以及抗氧化方面都有着非常重要的调节作用。特别在睡眠方面，适当剂量的褪黑素可以缓解因为昼夜节律被打破而造成的睡眠障碍，褪黑素还被称作"睡眠激素"，控制人体的警觉度和睡眠。

3.2.2 皮质醇、5-羟色胺（5-HT）及多巴胺

医学研究表明[1]，抑郁情绪与皮质醇、5-羟色胺（5-HT）及多巴胺等物质在人体内的浓度有关。其中，皮质醇浓度与抑郁症的发生及发展呈现极强的相关性，是影响抑郁症的一个重要因素，对人的情绪和行为都有着重要的影响。研究显示[2]，抗皮质醇药物能缓解抑郁症症状，而拟皮质醇药物能诱发抑郁情绪。这一结论说明通过控制人体内皮质醇的含量可以对抑郁症的发生和发展进行有效的干预。

光生物研究证明，光照刺激能有效抑制褪黑激素、皮质醇等人体激素的分泌，打通了光照对抑郁症及其他情绪障碍进行干预的作用机制。此外，光照刺激还可以作用于人的视觉感知及昼夜节律，影响人的情绪，但

1 PAIL G, HUF W, PJREK E, et al. Bright-light therapy in the treatment of mood disorders [J]. Neuropsychobiology, 2011, 64（3）: 152-162.

2 LEWY A J, SACK R L, MILLER L S, et al. Antidepressant and circadian phase-shifting effects of light [J]. Science, 1987, 235（4786）: 352.

其内部作用机制尚不明确。简言之，光对人体的作用机制复杂而多样，尽管大量光生物学研究仍在探索阶段，但光能影响人的情绪这一点得到了学术界的普遍认可。

3.2.3　抑郁症光疗法的发展进程

目前，运用强光照射疗法（Bright Light Treatment，简称BLT）作为辅助治疗手段，能有效缓解老年人的抑郁症及负面情绪，且安全、副作用小。

1998年，美国学者Avery[1]的研究第一次将BLT引入对抑郁症的干预治疗，研究在早上或傍晚对患者进行约1小时的光照刺激，患者的抑郁程度

及消极情绪得到了缓解。Riemersma等人[2]的实验研究通过严谨的医学检测实验证明了，BLT能有效减缓老年人抑郁症临床症状的发展及恶化。此外，Ruhrmann等人的研究甚至显示[3]，BLT对抑郁症的缓解作用可以媲美其他药物或非药物的治疗手段，其起效速度甚至高于药物治疗。Terman等人[4]的研究也印证了以上结论，且研究结果显示：50%~65%的患者在光疗刺激一周内抑郁症状和情绪就得到了有效改善。再者，Naus[5]等人的研究进一步显示，BLT不仅能迅速缓解抑郁症患者的负面情绪和抑郁症状，效果还能在停止光照刺激后持续4周左右。

1 AVERY D H. A turning point for seasonal affective disorder and light therapy research? [J] Archives of general psychiatry, 1998, 55（10）: 863.
2 RIEMERSMA-VAN DER LEK R F, SWAAB D, TWISK J, et al. Effect of bright light and melatonin on cognitive and noncognitive function in elderly residents of group care facilities: a randomized controlled trial. JAMA, 2008, 299（22）: 2642-2655.
3 RUHRMANN S, KASPER S, HAWELLEK B, et al. Effects of fluoxetine versus bright light in the treatment of seasonal affective disorder [J]. Psychological medicine, 1998, 28（4）: 923-33.
4 TERMAN M, TERMAN J S. Light therapy for seasonal and nonseasonal depression: efficacy, protocol, safety, and side effects [J]. Cns Spectr, 2005, 10（8）: 647-663.
5 NAUS T, BURGER A, MALKOC A, et al. Is there a difference in clinical efficacy of bright light therapy for different types of depression? A pilot study [J]. Journal of affective disorders, 2013, 151（3）: 1135-1137.

3.3 光的其他疗愈作用

不同光谱波段的光对人体产生的生物效应不同，基于此，人们研究出针对不同疾病的光谱治疗仪器和方法，并将其大量应用于临床医学[1]。

3.3.1 红外线

红外光长波的强渗透性以及热效应能促进人体局部血液流动，加速新陈代谢，提高细胞活性，具有消炎镇痛的作用。其光波能提升细胞活性，能有效治疗创伤。美国宇航局（NASA）应用680nm、730nm和880nm的LED光成功解决了宇航员在太空失重状态下，身体细胞活性降低、生长缓慢、肌肉骨骼发生萎缩、身体创伤愈合困难等问题。

3.3.2 紫外线

紫外光因为波长短、辐射能量大，光疗中可以将其应用在表皮进行除菌杀毒，比如利用UVB治疗牛皮癣。此外，还可以利用红光降低血糖，促进卵巢黄体生成；利用蓝紫光漂白血液中胆红素，治疗新生儿黄疸，等等。

3.3.3 光与特殊疾病

有资料显示，明亮光照可以缓解帕金森病症，减轻病人的颤抖症状。同样，阿尔茨海默病患者白天待在明亮的光照下，夜晚保持环境昏暗，有助稳定情绪及行为。通过改变光照条件（模拟黄昏光照和黎明光照）可以有效缓解由于生活节奏加快、压力增大而产生的睡眠障碍。

3.3.4 光与美容

光疗技术在美容方面有着巨大的发展潜力。随着人们对光照强度和光谱能量分布的了解更加深入，以及对半导体照明技术的研究也更加深入，利用特定波长光谱的单色光针对不同美容需求（美白、除皱等）制造美容光疗设备已经成为现实。目前市面上已经出现了利用590nm波长具有的增强人体胶原蛋白功效制作的光疗去皱产品，以及利用525nm波长的光分解皮肤中黑色素的美白产品等。

---

1 王茜，郝洛西，曾堃. 健康光照环境的研究现状及应用展望［J］. 照明工程学报，2012，23（3）：12–17，63.

3.4　自然光动态变化规律与老年人行为

自然光动态变化规律与老年人行为之间的关系如图3-14所示。

图3-14　自然光动态变化规律与老年人行为

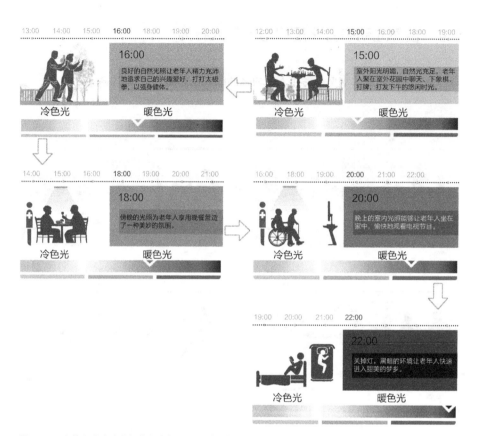

图3-14　自然光动态变化规律与老年人行为（续）

3.5　老年人需要更多的光

为什么老年人（尤其是失智症和AD患者）需要更多的光？

睡眠质量差、容易摔倒是失智症和AD患者面临的两个最重要的难题。

研究显示，光照刺激不足会对人的生物节律产生负面影响，老年人（尤其是失智症和AD患者）的睡眠模式会被破坏。这会导致老年人日常作息混乱，昼间觉醒度和活力低、嗜睡，夜间却精神抖擞、入睡困难，起夜频繁。这些节律问题会加剧兴奋、焦虑甚至抑郁等情绪问题。因为随着年龄的增长，老年人

（AD患者）的眼睛会发生退行性变化，需要更多的光来维持视觉和非视觉功能。

3.5.1　非视觉效应

适当数量和质量的光照刺激进入视网膜，可以使我们一天24小时的昼夜节律与光环境的明/暗循环节奏保持同步。这被称为非视觉系统，它需要比视觉系统更多的光来刺激。当室内的光照水平不够高，或未能设置正确的色温时，昼夜节律就会中断，从而激活昼夜节律系统。

3.5.2　生物动能照明

生物动力照明可以增加老年人（痴呆症和AD患者）的视觉、知觉和生物需求，帮助他们在家中保持更长时间的独立，并显著提高生活质量。

大多数人至少有80%~90%的时间是在室内度过的，许多老年人几乎全天处于室内的人工照明环境里。室内恒定的光环境、自然动态光不足可能会引起节律、睡眠，甚至情绪问题，包括：

夜间

•睡眠紊乱

•觉醒度高

白天

•活动减少

•觉醒度低

•嗜睡

情绪紊乱

•烦乱

•焦虑症

•抑郁症

3.6　光生物动态照明

光生物动态照明是一种通过智能光控制系统复制自然光的动态变化的人工照明光环境。

人历经了上亿年的进化，已经适应了自然光变化周期，形成了24小时的睡眠—觉醒节律（昼夜节律），因此充分的自然光暴露，能强化、巩固人体的昼夜节律。

自然光环境是最利于稳定人体节律、改善睡眠质量的光环境；人工照明模拟自然光，可以强化光生物动态，起到调节人体昼夜节律的作用。

3.6.1 光与福祉

太阳出来时你感觉如何？许多人都同意阳光能振奋精神，照亮他们的家和生活。

有了光生物动态照明，类似自然光的节律照明在室内生活或工作环境（甚至地下空间等极端环境）中依然可以获得。它可以改变人造光的质量和数量，以模拟自然光的变化节奏，提供以人为本的照明解决方案，对视觉、昼夜节律以及健康和福祉都产生积极影响。

3.6.2 光生物动态照明与老年人

老年人于自然光中暴露较少，他们可以从光生物动态照明中获得节律调节。有了光生物动态照明，他们的身体可以重新同步到自然的24小时昼夜节律，这最终可以增强其幸福感并提高其生活质量。

3.6.3 光生物动态照明的优势（图3-15）

1）恢复昼夜节律

（1）通过恢复生物钟，调节24小

图3-15 光生物动态照明的应用场景
图片来源：http://www.shihuo.cn/haitao/youhui/166307.html

时睡眠/觉醒周期，对于那些大部分时间都在室内度过的人，尤其是老年人和患有痴呆症或阿尔茨海默病的人，可以提高其生活质量。

（2）光生物动态照明可以创造更自然、更积极的空间，增强幸福感和视觉功效。老年人白天觉醒度更高、更有活力，夜晚睡眠质量更好。

（3）可以减少助眠药物的使用。

2）益于健康

（1）有助于保持骨骼健康，降低老年人患骨质疏松症的风险。

（2）增强视觉感知——事物看起来更清晰、更明亮，而与视力下降相关的健康风险（如跌倒和绊倒）也会有所降低。

（3）保持老年人身心健康，维持更长久、独立、自我实现的晚年生活。

3.6.4 Coelx平板灯

灯具多变的造型离不开灯体外观的设计，来自意大利的一款LED面板灯就抛开了传统的设计，提供更加接近日光透过天窗的照明效果。这款名为Coelx的平板灯（图3-16、图3-17）内置的LED光源经过精心选择，可以呈现近似

图3-16 光生物动态照明的应用
图片来源：Coelx官方宣传手册

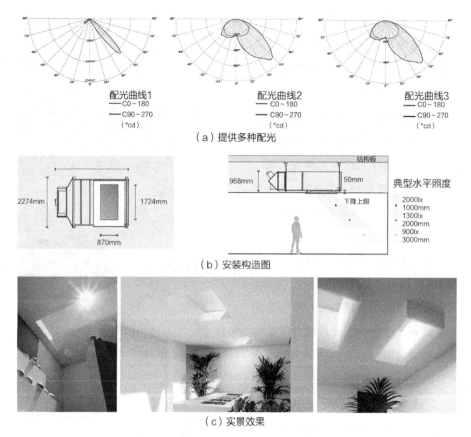

（a）提供多种配光

（b）安装构造图

（c）实景效果

图3-17　光生物动态照明的应用案例
图片来源：Coelx官方宣传手册

阳光的照明效果。另外，在光源上还加了一层纳米材料，使得光线的散射更贴近自然效果。

Coelx平板灯提供不同太阳角度的照明效果，包括60°的热带地区明媚的照明效果，45°地中海地区中性的照明效果，以及30°以北欧为代表的暖色照明效果。

第四章

适老照明设计原则

4.1 概述

为在既有建筑的适老性改造中贯彻国家的法律法规和技术经济政策，将人工照明和自然光有机结合，创造良好的光环境，满足老年人视觉、心理及健康需求，养老空间适老性照明改造建设应做到技术先进、经济合理，利于老年人视觉工作和身心健康。

既有养老建筑适老性改造，在人工照明方面建议满足表4-1所示条款。

4.2 空间界面与灯具类型

应基于老年人的视觉特征选择适合空间的灯具。老年人对眩光非常敏感，对照度的需求却高于年轻人。图4-1所示为适老空间灯具选型建议。

（1）视野中任何形式的点光源视觉舒适度均较差，应做好眩光控制，如增大遮光角等。

（2）在工作面照度相同时，发光面越大，眩光越少，因此，对于老年

适老建筑人工照明方面建议　　　　　　　　　　表4-1

区域	照度位置	照度水平/lx	光色	照明方式
走廊	白天：地面照度	200～300	暖白光/中性白光	直接照明/间接照明
	白天：眼位照度（离地140～160cm）	300～500（柱面照度）	暖白光/中性白光	直接照明/间接照明
	晚上：地面照度	50～100	暖白光/中性白光	直接照明/间接照明
活动室	白天：地面照度	200～500	暖白光/中性白光	直接照明/间接照明
居住区（卧室、起居室）	检查照明：床位照度（离地85cm）	300～500	暖白光/中性白光	直接照明/间接照明/上下出光照明
	阅读、工作照明：床位、眼位照度（必要时，增加辅助照明）	300～1000	暖白光/中性白光	直接照明/上下出光照明
	白天：地面照度	100～500	暖白光	直接照明/间接照明
	夜间：地面照度	50～100	暖白光	直接照明
	夜间护工查房照明	5	暖白光	直接照明
洗手间	基础照明+面部重点照明	200～500	暖白光/中性白光	直接照明/间接照明

注：以上所有区域照明器均需满足显色性Ra>80。

人，面光源优于点光源。

（3）空间各表面的明暗差异过大也会引起老年人视觉不适，半直接型灯具或混合照明模式优于单一的直接照明方式。

4.3 人工照明建议

4.3.1 公共空间照明建议

照明除满足功能和视觉需求之外，

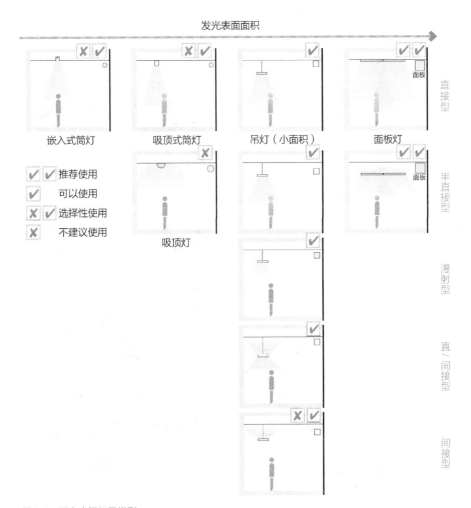

图4-1 适老空间灯具类型

还应营造舒适感和像家一样的感觉。

如图4-2和图4-3所示，公共空间主要照明建议使用面积较大的面板灯，以在保证相应功能照度、亮度均匀度、视觉作业的前提下，不产生高亮眩光。

条件允许的情况下，建议设置色温及照度可变的照明模式，给老年人变化的视觉刺激，强化老年人的昼夜节律，帮助老年人感知一天时间的变化，让老年人白天保持活跃，夜晚能

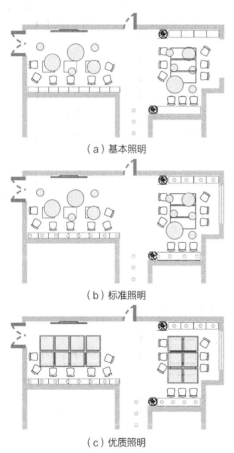

（a）基本照明

（b）标准照明

（c）优质照明

图4-2　公共空间灯具布置示意图

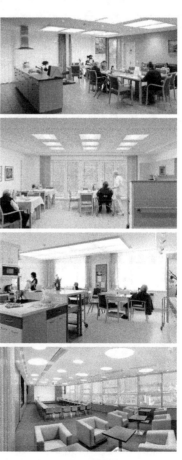

图4-3　养老公共空间优质照明案例图
图片来源：ZUMTOBEL灯具企业宣传手册
Light for Care

得到充足而高质量的睡眠。色温变化范围建议为2700~6500K，亮度可变范围建议为100~1500lx。

照明应适当考虑节律调节的需求，并根据时间设置不同的参数：

（1）起床后：照度300~500lx，色温4500~6500K。

（2）白天：照度1500lx（全天），色温4500~6500K。

（3）睡觉前：照度100~200lx，色温2700~3500K。

（4）照明还应保证护理人员视觉作业所需照度。

公共空间照明改造还应注意以下条款：

（1）顶灯保证空间整体照明均匀、明亮，地面的光分布无暗区。

（2）优先保证老年人活动区域的照明品质，满足老年人视觉作业需求。

（3）附属功能区提供重点照明，保证护理人员的作业需求，并照亮墙面，进一步提高照明均匀度。

（4）提高垂直方向照度，保证面部识别，并作为自然光的补充。

（5）照度和色温可变，并且模拟自然光的变化规律，以调节老年人的昼夜节律。

4.3.2　走廊空间照明建议

走廊照明应具备定位、行走安全、方向识别等功能。

避免阴影、眩光和反射光等，避免引起老年人眩晕，造成潜在的危险。

走廊空间与公共空间交汇处，应增加照明数量，并保证照度水平平滑过渡，保证老年人的视觉适应时间，防止眩晕。

应设置专用的危险和方向指示性照明。

适当的水平/垂直（圆柱）照度比例，提高面部识别度；垂直照度和水平照度的比例应为0.3~0.6。

若条件允许，建议使用智能照明控制系统实现调光；提供色温及照度可变的照明模式，并模拟自然光的变化规律，以强化老年人的昼夜节律。

夜间，根据使用情况智能控制走廊亮度，实现方向指示性照明的同时避免能源浪费。

走廊照明还应提供清晰可辨的逃生标志，如图4-4~图4-6所示。

✗ ✔ 选择性使用

- 使用点光源，需要严格控制眩光
- 严格控制灯具布置"高/距比"，防止明
  暗差异过大
- 点光源连续性较差

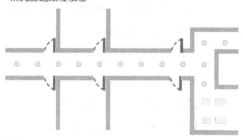

✔ 推荐使用

- 轴向均匀度高
- 地面照度高于墙面

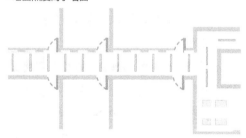

✔ ✔ 推荐使用

- 轴向均匀度高
- 地面照度高于墙面
- 连续性强

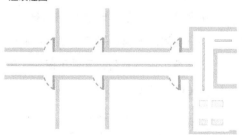

图4-4 走廊空间灯具布置示意图

**✗ 灯具无眩光控制　✔ 通过增大遮光
角控制眩光**

图4-5 走廊空间灯具布置实例图

推荐使用

•空间各表面照度均匀度高

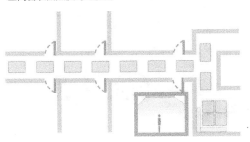

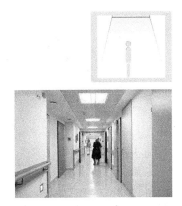

✔✔ 推荐使用

•空间均匀度高
•连续性强
•灯具多

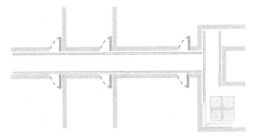

✔ 推荐使用

•上下出光壁灯，照亮空间各个界面，空间均匀度高
•扶手区域藏灯，照亮地面，引导方向，可与其他照明方
式同时使用

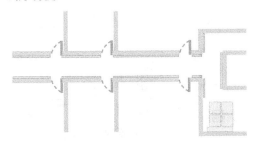

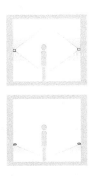

图4-5 走廊空间灯具布置实例图（续）
图片来源：ZUMTOBEL灯具企业宣传手册
Light for Care

图4-4 走廊空间灯具布置示意图（续）

图4-6　部分休闲区域适当使用彩色光调节情绪
图片来源：ZUMTOBEL灯具企业宣传手册Light for Care

4.3.3　护理单元间照明建议

照明除了满足视觉需求外，还要考虑情感需求，增强老年人的美好回忆，并反映其性格，如图4-7~图4-9所示。

单元间内整体照明应设置可调节的多种照明场景，以适应老年人不同的行为（休息、看电视等）；如，顶灯分直接照明和间接照明两种，设置壁灯间接照明、床头灯重点照明等。

（1）照明器建议使用较大比例的间接照明，色温应为2700~3500K。

（2）床头照明也应设置多种模式，如检查照明、阅读照明及夜灯，以满足老年人不同的行为需求，如图4-8所示。

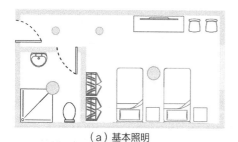

（a）基本照明

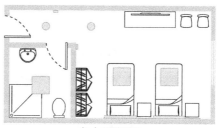

（b）推荐照明

图4-7　卧室灯具布置示意图

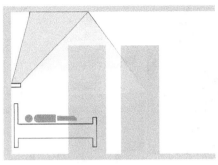

（a）一般照明

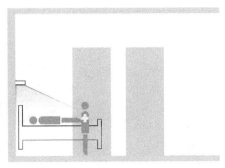

（b）检查照明

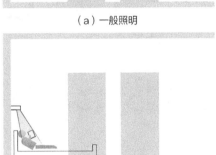

（c）阅读照明

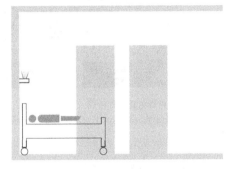

（d）起夜照明

图4-8　床头区域必要照明模式建议

（3）除了功能照明外，建议设置适当的高强度节律照明，调节老年人生理节律；提供色温及照度可变的照明模式，并模拟自然光的变化规律。

（4）建议局部设置彩色光，提供情感照明，选色以蓝绿色系为主，缓解老年人的负面情绪。

（5）对于活动量少的老年人，可

调节的床头阅读照明和检查照明非常必要，且床面照度大于1000lx。

（6）灯具控制建议使用简单易操作的或是自动控制的照明模式。

（7）对于失智老人，非固定、易打翻的照明器较不合适。

（8）夜间老年人起夜安全及护理人员夜间查房的夜间照明也必不可

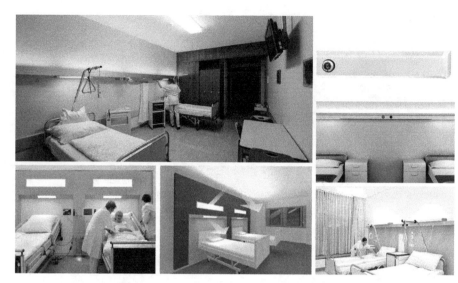

图4-9 卧室灯具布置实例图
图片来源：ZUMTOBEL灯具企业宣传手册*Light for Care*

少，地面照度约在5lx为宜。

（9）浴室里梳妆镜的照明应保证脸部照度并避免阴影。

4.3.4 细部照明建议

1）扶手

应小心处理扶手表面的照度，让老人能轻松识别扶手的位置。建议在扶手处安装重点照明，强调扶手的位置，如图4-10所示；如扶手处无重点照明，那么扶手上表面的平均照度不应低于300lx。

2）楼梯

楼梯是老年人行走最容易发生危险的区域之一，建议加强局部照明，防止阴影和眩光。条件允许的情况下，建议设置踏面重点照明，如图4-11所示，并处理好眩光。如果没有局部重点照明，那么踏面平均照度应不低于300lx。

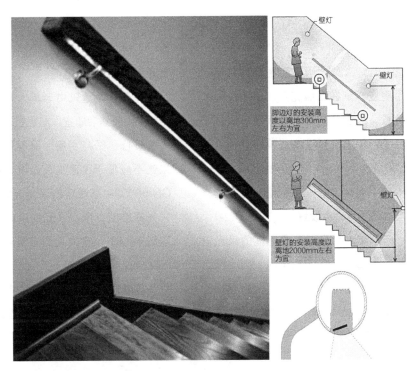

图4-10　扶手局部照明示意图

图片来源：www.china-designer.com/easyzhuanti/2015stairap/

https://www.sohu.com/a/326435492_175300

图4-11　楼梯局部照明示意图

图片来源：https://kuaibao.qq.com/s/20181229A1GWOF00?refer=spider

https://www.vip0797.com/decorate/detail/280.html

4.4 自然采光

老年人居住用房和主要公共活动用房应布置在日照充足、通风良好的位置，居住用房冬至日满窗日照应符合《老年人照料设施建筑设计标准》JGJ 450（表4-2）中所规定数值——不宜小于2小时。公共配套服务设施宜与居住用房就近设置。

老年人用房的主要房间的采光窗洞口面积与该房间楼（地）面面积之比不宜低于《老年人照料设施建筑设计标准》JGJ 450-2018中所规定数值，见表4-2。

为保证养老空间中的光环境质量，重要功能房间内各表面的反射比宜遵照表4-3所示范围。

养老住宅建筑中老年人常用活动空间（如公共活动室、起居室、卧室、公共餐厅、医疗用房、保健用房等）采光不应低于《建筑采光设计标准》GB 50033中所规定的采光等级□级的采光标准值，侧面采光的采光系数不应低于2.0%，室内天然光照度不应低于300lx。

养老住宅建筑中的老年人常用活动空间，其窗户的不舒适眩光指数（DGI）不宜大于25。

主要老年人用房窗地面积比	表4-2
房间名称	窗地面积比
单元起居室厅、老年人集中使用的餐厅、居室、休息室、文娱与健身用房、康复与医疗用房	≥1:6
公共卫生间、盥洗室	≥1:9

房间内各表面的反射率建议范围	表4-3
表面名称	反射比
顶棚	0.6~0.9
墙面	0.3~0.8
地面	0.1~0.5
桌面	0.2~0.6

第五章

适老照明
研究及
设计前沿

5.1 抑郁症光干预机制及其在养老空间的应用瓶颈

我国人口老龄化问题严峻。抑郁症在老年人中的发病率较年轻人高、危害大，在引起老年人残疾和死亡的精神疾患中占第二位。抑郁症潜伏性高，极易被忽视而错过最佳治疗期；发病中后期药物治疗稳定性不佳，且副作用大。研究发现，光对人的情绪障碍，尤其是抑郁症的发生及发展具有重要影响，强光照射可以有效缓解抑郁症状，因此，强光干预可用作药物治疗外的替代性抗抑郁手段，安全、非侵入，且起效快。然而，老年人，尤其是机构养老空间的老年抑郁症患者，90%的时间处于室内，日常曝光剂量严重不足，对人工补光的需求相较年轻人更迫切；且其管理相对集中，在建筑空间中进行光干预可行性更高。

虽然，抑郁症光干预的相关临床研究已取得较大进展，获得了大量定量成果，关于抗抑郁光干预的有效阈值也有大量报道；然而，要在养老空间中应用光干预仍有许多尚未解决的科学及实践问题：

首先，由于未考虑视觉舒适度、光生物安全性等问题，仅从临床角度考虑疗愈效果，目前临床实验报道的光干预起效阈值无法直接应用于养老空间。

其次，在抑郁症光干预应用中，涉及自然采光及人工照明，如何将两者有机结合，实现稳定的疗愈光环境，尚存在大量技术问题，如保证光照剂量及其在空间中的分布均匀度、自然采光稳定性、人工照明的节能性及动态补光等。

本节基于大量文献及模拟研究，梳理了抑郁症病理机制中"情感—认知—行为—脑网络"的广泛联系，总结了光干预起效的神经机制，提出了"光敏网络"的概念；提出了适用于养老空间的抑郁症光干预阈值范围的构建思路，并推荐了有效阈值范围；总结了光干预在养老空间中的应用策略，梳理了自然光采集及人工补光技术中待解决的问题。

5.1.1 抑郁症光干预相关研究

1）机制研究

（1）情感、认知及行为机制

抑郁症是一种广泛涉及情感障

碍、认知障碍和神经功能障碍的精神疾病。1967年，Aaron Beck提出了经典抑郁认知模型（图5-1，右），认为负性认知偏倚是导致抑郁症发生及发展的关键因素。负性认知偏倚主要分为以下三个阶段：

第一阶段：负性注意力（biased attention）。在信息的获取阶段，抑郁个体会选择性忽视正性信息，对负性信息表现出偏向性，关注时间也显著高于正性信息。

第二阶段：负性加工（biased processing），在对所获信息进行处理加工阶段，抑郁个体倾向于对所获信息进行负向加工，并对负性信息进行反复加工。

第三阶段：负性反刍（biased rumination），在对所获信息进行编码、形成记忆的阶段，抑郁个体往往无法抑制地对负性信息及消极记忆进行反复加工，不断强化负性记忆。

以上情感处理及认知过程的负性偏倚是导致抑郁个体出现持续性的情感障碍（如焦虑、狂躁、意志消沉、自卑抑郁）以及行为紊乱（如睡眠障碍、饮食失调、自杀）等症状的主要原因。该模型从情感、认知和行为等临床表现方面阐明了抑郁症的病理机制，然而，并没有厘清抑郁症的生理发病机制。

（2）脑机制——"光敏网络"

1937年，James Papez 提出大脑的皮质活动调控着人的情感（处理及表达）和认知行为，后续大量研究开始关注该话题，发现了一系列内部广泛关联、自成体系的脑神经结构，这些结构相互作用，共同参与对情感、认知和行为的调控，此系统被定义为"情感调控系统"（emotional processing system，简称EPS）（图5-1，左）。近年来，抑郁症病理探索取得突破，发现"情感调控系统"功能失效是抑郁症发病的关键原因，与抑郁症的情感及认知障碍关系密切。学界对"情感调控系统"及其中的异常神经网络（以"前额叶—边缘系统—皮层下神经系统"为核心的神经环路）的认识也越来越清晰，建立起了认知偏倚各阶段中相应神经环路与认知、情感、行为间的调控关系。

2020年，作者及其团队系统梳理了"情感调控系统"中对光照刺激起显著反应的神经节点及连接网络，结

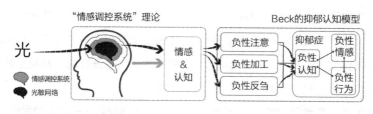

图5-1 "光敏网络"理论基础

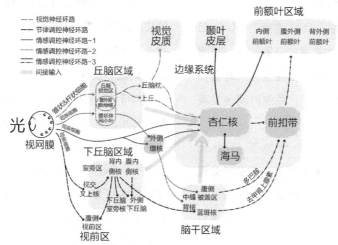

图5-2 "光敏网络"空间模型

合"Beck的经典抑郁认知模型",提出"光敏网络"概念,并初步刻画了其空间模型。如图5-2所示,"光敏网络"包括五个神经环路。①视觉神经环路:视网膜(锥状细胞、杆状细胞)—丘脑区域(外侧膝状体核、丘脑枕、后丘脑等)—视觉皮质;②节律调控神经环路:视网膜—下丘脑区域(视交叉上核、背内侧核、下丘脑室旁核等)/视前区—脑干区域—垂体/松果体(褪黑素分泌);③情感神经环路-1:视网膜—边缘系统(外侧缰核、杏仁核);④情感神经环路-2:视网膜—丘脑区域(腹外侧膝状体核/膝状体间小叶、橄榄前核)—外侧缰核;⑤情感神经环路-3:杏仁核—内侧前额叶皮质/前扣带回—前额叶等。同时,该研究认为抑郁症光干预起效的神经机制为:光照刺激通过作用于EPS中的"光敏网络"参与情感及认知调控，从而干预抑郁症状（图5-1）。

此外，如图5-2所示，情感调控环路与视觉神经环路、节律调节神经环路存在部分共用脑区，因此，视觉效应、昼夜节律与情感调控之间也存在相互影响；说明，人所处的空间视觉环境、睡眠及饮食节律都可以对人的情感产生影响，也会影响抑郁情绪。

2）光干预阈值相关研究

光干预对抑郁症起效的关键参数包括：曝光剂量（曝光强度×曝光时长）、曝光时间、光谱（光色）。国内外对这些技术参数及其有效阈值范围做了大量探索，获得了一些定量结论。

（1）曝光剂量（曝光强度×曝光时长）

曝光强度和曝光时长共同决定着曝光剂量，是光干预最重要的技术参数，对光干预的效果起着决定性作用。对曝光剂量阈值的探索既有单独讨论强度与时长的，也有综合讨论剂量的。

曝光强度方面，神经机制研究显示：更强的曝光强度能引起大脑更广泛、更持久的EPS反应。临床上根据曝光强度，将光干预分为强光干预（bright light intervention）和弱光干预（dim light intervention，如黎明模拟）两大类，有研究显示强光的抗抑郁效果显著高于弱光。强光干预一般需要瞳孔照度达到上千，甚至上万勒克斯。对于强光疗法有效阈值的范围，Van Bommel等人认为光照刺激对人体产生即时光生物效应（即时褪黑素抑制）的下限推荐照度值为1000lx（眼位区域）；由于人体昼夜节律和情感调控间的广泛交互性（如两类神经环路存在大量共用脑区，节律紊乱与抑郁症互为高频并发症等），此下限阈值在抑郁症强光干预中得到了广泛应用。弱光疗法则仅需数百勒克斯，适用于特殊场景的唤醒及情绪舒缓，但持续时间不宜过长。

曝光时长方面，有研究报告显示，临床上光干预对抑郁症起效需要每天接受强曝光30～120分钟，且需持续若干周，2～5周被认为具有更好的抗抑郁效果。Xue Zhao等人梳理了若干针对老年人的抗抑郁强光疗法研究，发现光干预对抑郁症状的缓解效果在第二周和第四周并没有显著差异，且均显著弱于第三周；因此认为，第三周可能是光干预效果转折的一个关键节点。对此，笔者认为后续光干预若要达到较好的效果，在满足有效阈值的前提下，可以考虑使用人眼可辨，且缓慢变化的动态光，或是人眼不可辨（大脑神经可感知）的高频动态光。

曝光剂量方面，有研究认为强光干预（用于治疗季节性抑郁症，以下简称SAD）下限光剂量需要至少3000lx×h，且至少持续4天；其中，3000lx×h可由不同的曝光强度和曝光时长构成，可使用1500lx的眼位照度，持续2小时，亦可使用1000lx眼位照度，持续3小时。也有研究推荐5000lx×h为下限曝光剂量，Wirz-Justice等人认为每天接受2小时眼位照度为2500lx的强光暴露能有效抗抑郁，Terman等人则认为每天接受30分钟10000lx的强光暴露也有抗抑郁效果。

（2）曝光时间

根据曝光时间的不同，光干预分为黎明模拟（dawn simulator）、清晨干预（morning-intervention）、傍晚干预（evening- intervention）、清晨+傍晚结合干预（morning+evening intervention）等。Lewy等人在对SAD患者进行持续1周的强光干预后发现，接受清晨干预被试的SAD症状得到显著缓解，而接受傍晚干预被试的缓解效果并不显著。Terman等人对14个研究机构5年的研究成果进行筛选、分析，也发现清晨干预对抑郁症的缓解作用要显著高于傍晚干预及其他时间的光干预；同时还发现清晨+傍晚结合干预对抑郁个体的缓解率并不比单独使用清晨干预高，也侧面印证了Lewy等人的研究结论：傍晚干预对抑郁症缓解效果并不显著。

（3）光谱（光色）

人类在自然光下繁衍、进化了上亿年，生理和心理都适应了自然光，因此自然光被认为是最安全、有效的抗抑郁光源之一。人工光源中，全光谱白光被广泛应用于抗抑郁治疗中。单色光中，相较于绿光（527nm）和紫光波段（430nm），蓝光波段（如480nm）能引起"情感调控系统"中更广泛区域的神经活动（包括丘脑区域、杏仁核、海马体等）。情感调控神经环路和节律调控神经环路起点——视网膜上的第三类感光细胞也对波长为484nm的蓝光最敏感，蓝光对于褪黑素的分泌有明显的抑制作用，对人体激素分泌、昼夜节律影响均强于其他波段，446~477nm被认为是对褪黑素的分泌产生抑制作用的范围。

5.1.2　光干预在养老空间的应用展望

随着年龄的增长，老年人生理及心理的退行性变化导致其视觉系统、行为模式也发生变化，对光的需求不同于年轻人，因此，抑郁症光干预在养老空间的阈值范围及应用策略上应针对老年人的视觉及心理特征做出定制化调整。

1）应用阈值

研究发现，当曝光强度超过一定极限阈值时，视觉不舒适感会加剧。临床上，抗抑郁效果是光干预参数选择的主导因素，且治疗时间集中在一个相对短的范围内，因此，往往忽视视觉舒适度，采用超高曝光。然而，在人居空间中应用光干预，视觉舒适度是一个无法被忽视的要素，且老年人由于视觉系统发生退行性变化，对不舒适光环境的感受更加敏感。对

此，可以通过增加曝光时长来降低曝光强度，以保证光干预的有效性和视觉舒适度。本节详细梳理了老年人的视觉特征（参考1.2节老年人的视觉及行为特征）、视觉舒适阈值相关研究，结合抑郁症光干预阈值研究，总结出适用于养老空间的光干预推荐阈值范围（图5-3）。

（1）视觉舒适阈

在室内光环境研究中，视觉舒适度是影响人健康和心理感受的重要因素。瞳孔照度作为预测和评估视觉舒适度的重要指标，在大量研究中都有定量报告，但具体阈值均不尽相同。Wymelenberg 等的报告指出瞳孔照度大于1250lx的光环境容易引起视觉不舒适感；Alstan Jakubiec的研究发现瞳孔照度达到1500lx时，有54.7%的被试感到视觉不适；Karlsen等人指出避免不舒适眩光的瞳孔照度下限阈值为1700lx。最近的一项研究将产生视觉不舒适感的瞳孔照度下限阈值进一步提高到2000lx，研究结论显示：当瞳孔照度小于2000lx时，感受不到视觉不舒适；当瞳孔照度在2000~3000lx范围内时，可感受到视觉不舒适；当

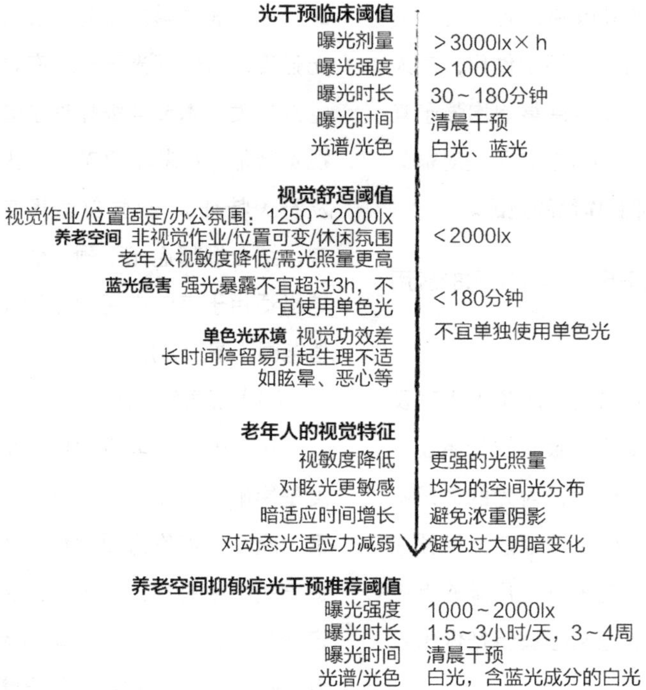

光干预临床阈值
曝光剂量 >3000lx×h
曝光强度 >1000lx
曝光时长 30~180分钟
曝光时间 清晨干预
光谱/光色 白光、蓝光

视觉舒适阈值
视觉作业/位置固定/办公氛围:1250~2000lx
养老空间 非视觉作业/位置可变/休闲氛围 <2000lx
老年人视敏度降低/需光照量更高
蓝光危害 强光暴露不宜超过3h,不 <180分钟
宜使用单色光
单色光环境 视觉功效差 不宜单独使用单色光
长时间停留易引起生理不适
如眩晕、恶心等

老年人的视觉特征
视敏度降低 更强的光照量
对眩光更敏感 均匀的空间光分布
暗适应时间增长 避免浓重阴影
对动态光适应力减弱 避免过大明暗变化

养老空间抑郁症光干预推荐阈值
曝光强度 1000~2000lx
曝光时长 1.5~3小时/天,3~4周
曝光时间 清晨干预
光谱/光色 白光,含蓝光成分的白光

图5-3 养老空间光干预推荐阈值

瞳孔照度在3000~5000lx范围内时,不舒适感会干扰视觉作业;当瞳孔照度大于5000lx时,会产生无法忍受的不舒适感。上述研究中,几乎所有的实验都是在工作条件下进行光环境评估,被试在视觉作业中,且被安排在一个固定位置上,不合理光照量及光分布更容易引起被试视觉不舒适。因此,当在一个相对轻松、无视觉作业、可随意移动的环境中,有理由相信在相对均匀布光的前提下,2000lx的瞳孔照度产生视觉不舒适的概率较低。

(2)光干预在养老空间的应用参数及阈值推荐

基于抑郁症光干预有效阈值、人体视觉舒适阈值及老年人视觉特征相关研究,推荐适用于养老空间的抑郁症光干预阈值范围,如图5-3所示:①曝光强度:1000~2000lx;②曝光时长:1.5~3小时,3~4周;③曝光时间：清晨；④光谱（光色）：全光谱白光、含蓝光成分的白光。

2）应用策略

根据老年人视觉特征，养老空间日常光干预要实现稳定的疗愈效果，需实现以下3个次级目标：①眼位光照条件达到有效阈值范围，在时间维度上持续，空间维度上全覆盖；②满足视觉舒适度，保证（眼位）光分布的均匀度，避免浓重阴影及时间、空间上过度的明暗变化；③严格限制蓝光剂量。因此，光干预在养老空间应用的总体策略为：与日常照明及自然采光有机结合；最大限度引入自然光，并重新分配，实现更高的均匀度；采光不足的区域进行人工补光。其中，关键的技术问题是以3个次级目标为导向的"自然光采集技术"及"人工补光技术"。

（1）自然光采集技术

自然光是最优质的光源之一，不仅视觉效率高于人工光，还具有健康意义，对人体的节律及情绪都有天然的调节作用。建筑中最常用的采光方式是侧窗采光，而民用建筑多为单侧开窗；这种开窗形式存在以下弊端：近窗区域眼位照度严重超过舒适度阈值；而远窗区域眼位照度又严重不足，无法达到疗愈效果，甚至无法进行视觉作业。图5-4所示为成都地区3月、6月、9月、12月向窗（南）及背窗（北）方向，早上8:00-12:00，站在室内不同进深位置，瞳孔照度值的变化情况，可见单侧窗采光呈现出以下不利于实现光干预效果的特点：①从进光总量上看，如果总量在房间内均匀分布，现有数据显示南向全年61.1%的时间进光总量可以实现室内全区域达到有效阈值，北向则只有27.8%的时间可以。然而，从图中实际光分布情况可以看出，实现全区域均达到有效阈值的时间占比为0，即，侧窗采光无法实现室内全区域达到有效阈值。②近窗和远窗区域瞳孔照度分布极不均匀，近窗区域大量时间（时间占比：南向30.9%，北向3.3%）瞳孔照度超过视觉舒适阈（2000lx），而远窗区域瞳孔照度远低于1000lx。③南向及北向瞳孔照度分布也存在极大差异，北向仅有19.3%的时间瞳孔照度达到光干预下限阈值（1000lx），而南向可达58.0%。以上采光特点造成不舒适眩光及大量自然光浪费。

此外，依据现有研究（从图5-4所

示案例亦可见），自然采光中需要解决的关键技术有以下两点：

一是采光总量及采光均匀度。实现光干预所需的光照强度比视觉作业所需的光照强度要大得多，因此，白天完全利用自然光实现疗愈光环境，对自然光采集技术（解决采光总量）及重新分配技术（解决采光均匀度）要求极高。更大的采光总量利于使室内更大区域达到有效阈值，影响采光总量的因素除了地区光气候外，还有采光口形式、大小及朝向等。

针对侧窗采光呈现出采光总量不足及均匀度差等问题，部分建筑在窗台外延安装反光板，以导入更多的自然光，提高采光总量。图5-5（模拟条件与图5-4一致）所示为应用Radiance软件模拟的反光板出挑深度对采光总量的补充情况，可见，反光板对提高室内采光总量有一定的效果，出挑深度越大，采光总量越大，且反光板反射部分光可进入房间深处，对均匀度提升也有一定作用，但由于出挑深度受限，反光板对采光总量及均匀度的提升效果也是有限的。随着材料技术的发展，反光材料反射率不断提高，导光管技术日趋成熟，可以将屋面或外墙的自然光导入建筑内部。影响导光管采光量的因素主要有：①进光口面积，面积越大，进光总量越多；②传输距离，距离越远，终点

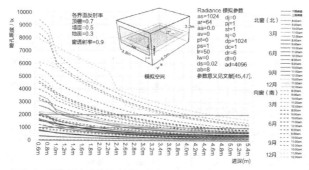

图5-4　侧窗采光瞳孔照度进深方向分布特点（成都）
模拟软件：rhino-grasshopper-ladybug-honeybee-radiance 系列软件
自然光数据来源：https://energyplus.net/weather
自然数据文件名称（编号）：Sichuan Chengdu（562940，SWERA）
天空模型：Average sky

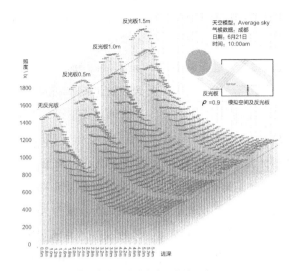

图5-5　窗边反光板出挑深度对室内采光的影响

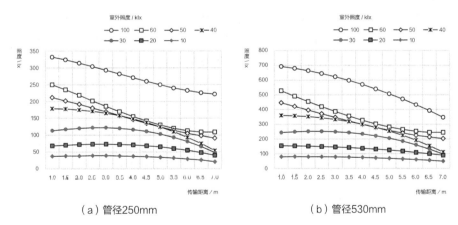

（a）管径250mm　　　　　　　　　　　（b）管径530mm

图5-6　导光管内的光衰情况

所剩光能越少；③内壁反射率，反射率越高，光损则越少。图5-6所示为美国PASSIVENT公司所开发导光管在不同室外照度、不同管径条件下，管内不同传导距离处照度的衰减实测数据。从室外照度与进光口（管内1m处）的照度数据差异可见，其差异呈数百倍的衰减，说明普通的导光管由于建筑结构限制，进光口孔径无法做大，进光总量较低，如图5-7（a）所示。为提高进光总量，可改进导光管，主要方法有：①如图5-7（b）所示，可在进光口设置角度可调的倾斜折光板，方位角和倾斜角度可保证折光板始终迎向直射光入射方向，既增大了受光面面积，又能接收更多的直射光，可在一定程度上提高进光总量。②如图5-7（c）所示，还可以通过一套反射板系统将自然光反射到进光口，通过增加反射板数量，理论上可无限增加进光总量；此外，反射板系统与日光追踪技术、计算机模拟结合，可计算出任意时刻太阳直射光的入射方向，从而获得每一面反光板的最佳反射角度，精确地将反光板采集的太阳光投射到采光口处。

如何保证均匀度是侧窗采光最大的问题之一，双侧开窗可以起到改善作用；此外，天窗也可以提高采光均匀度，各类天窗采光均匀度从高到低的顺序为：矩形天窗（DF_{max}=6%）>分散设置的平天窗（DF_{max}=6.5%）>梯形天窗（DF_{max}=9%）>锯齿形天窗（DF_{max}=11%）>集中设置的平天窗（DF_{max}=14%）。

此外，窗台外延设置的反射板可将窗外的自然光反射至房间深处，也

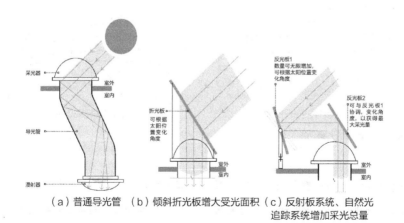

（a）普通导光管　（b）倾斜折光板增大受光面积　（c）反射板系统、自然光追踪系统增加采光总量

图5-7　导光管原理

是一种改善均匀度的方法；也可结合导光管，将自然光导入建筑内部，补充房间深处的照度，提高均匀度；还可以提高房间深处墙面反射率，从而提高往房间深处看时的眼位照度，降低与往窗口方向看眼位照度的差异。

二是自然采光稳定性与动态采光理论。应用自然光实现稳定光干预的前提是眼位照度始终处于有效阈值范围内；然而，即使在同一地点，在一年中的不同日期、一天中的不同时刻，室外自然光都是在不断变化的，导致自然采光稳定性差。长期以来，我国的建筑采光设计标准应用以CIE标准全阴天为基础的采光系数（DF）作为衡量建筑采光能力的核心指标。DF是在天空漫射光条件下定义的静态采光指标，通过设定室外临界照度值，确定不同的DF值对应的室内照度水平；可用于评价建筑空间形态、开窗尺寸、建筑表面材料的光学性能等，但无法反映不同地区的光气候特征、太阳位置规律、立面朝向及动态遮阳等要素，而这些要素对室内的自然光稳定性具有重要的影响。近年来，随着建筑智能化技术日趋成熟，动态采光理

论被提出并引起学界广泛讨论。动态采光理论可以有效弥补DF的不足，充分考虑地区光气候及太阳运行规律，结合智能控制，实现相对稳定的室内采光。由于地区实际光气候情况复杂多变，要获得实现稳定采光的动态采光计算模型，仍需要大量基础研究。

（2）人工补光技术

传统视觉作业评价常用水平照度作为核心变量，顶灯的光通量贡献率占主导，因此，顶灯似乎已成为人工照明的标配，其他照明方式多起辅助作用，甚至仅作装饰。然而，在评价抑郁症光干预有效阈值时，瞳孔照度是最重要的指标之一。相较于顶部布灯，垂直墙面布灯对瞳孔照度的贡献率高得多，因此在抑郁症光干预人工补光技术上，布灯方式可能发生变化，但需要探索随之而来的更多技术细节，如眩光控制、与其他照明方式的配合等。此外，为实现老年人在移动状态下瞳孔照度始终保持在有效阈值范围内，需对人工补光数量及光分布进行详细计算，保证各方向的眼位照度有效，且室内全区域覆盖，如图5-8所示。

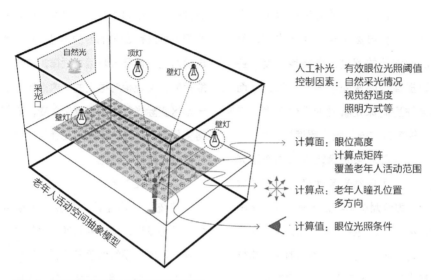

自然光

顶灯

壁灯

采光口

壁灯

壁灯

老年人活动空间抽象模型

人工补光　有效眼位光照阈值
控制因素：自然采光情况
　　　　　视觉舒适度
　　　　　照明方式等

计算面：眼位高度
　　　　计算点矩阵
　　　　覆盖老年人活动范围

计算点：老年人瞳孔位置
　　　　多方向

计算值：眼位光照条件

图5-8　养老空间光干预人工补光策略示意图

（3）动态补光模型

由于自然光全年、全天始终处于动态变化状态，补光数量及分布也需要根据自然采光实时情况进行动态改变，结合智能控光，合理选灯、科学布光，可实现精确补光、定向补光，以保证养老空间中全区域、全时段达到有效阈值。在建筑空间中布置大量的光照监测仪器以获得实时补光数量及光分布数据并不现实，安装少量（甚至不装）光照监测设备则需要前期大量的基础研究以获得全年的动态补光

数量及补光分布计算模型，即多因素、多条件综合作用的"动态补光模型"。其中，多因素、多条件主要包括地区特点（经、纬度）及其光气候情况、太阳运行规律、建筑形态及朝向、采光口形式及尺寸、空间尺度信息等，"动态补光模型"则是以此为控制要素，以达到抑郁症光干预有效阈值范围（1000~2000lx）为目标，以时间（月、日、时）为自变量，获得全年动态的人工补光数量及光分布数据。"动态补光模型"是实现抑郁症光

干预实时精确补光、定向补光系统的基础，是保证抑郁症光干预成功应用于养老空间的关键技术之一。作者及其团队以成都地区为例，初步计算出南向开窗的养老空间在典型季节，不同进深的补光量及布灯情况，并认为垂直布灯较水平布灯在室内光分布均匀度及节能等方面优势更显著。

5.1.3　结语

目前，特殊光照开始越来越多在医疗空间、养老空间，甚至部分居家空间中应用，健康的室内环境、良好的自然光及人工光对营造具有疗愈作用的光环境具有积极意义。老年人的生理、心理、行为特征，以及其所生活的建筑环境导致其日常曝光量严重不足，抑郁症高发。光干预作为非侵入式、安全的抗抑郁手段，可应用于养老空间，与自然光及日常人工照明结合，实现早期介入，全病程预防发生、延缓发展、促进康复；对改善老年人生存环境，实现"康养结合"，提高生命质量，实现"健康养老"具有学术、临床及社会价值。

5.2　上海市第三社会福利院照明改造项目

上海市第三社会福利院照明适老改造运用虚拟现实技术（virtual reality, 简称 VR），通过主观评价实验，探索老年人对养老空间光环境的主观感受及视觉偏好。实验以"照明方式"变量，构建了8种虚拟照明场景，运用VR技术进行沉浸式展示，甄选老年被试对这些照明场景进行主观评价；通过数据分析，建立起老年人日常行为与室内照明方式的对应关系，筛选出老年人最偏好的室内照明方式，并以此为依据完成养老单元间光环境的循证设计及改造。本项目在一定程度上验证了VR技术在适老光环境循证设计过程中起到了"场景模拟""设计沟通"及"方案确定"等辅助作用，为实现"以特定人群需求为导向"（user-oriented）的个性化、定制化设计提供研究经验支持。

5.2.1　循证实验

共有21位老年被试参与实验，由于部分老年人无法适应VR场景，中途退出实验，最终完成实验的被试有17位，男性8位，女性9位，年龄范围65~90岁，平均年龄82岁。

1）实验空间及场景

选取上海市第三社会福利院失智老人照料中心养老单元间作为实验空间原型。如图5-9所示，养老单元间是一个宽6.6m、进深7.3m的6人间，南向开窗，开窗面积为7.14m²（3.57m²×2）。房间室内布局分为公共活动区（2m×7.3m×2.4m）和2个休息区（2.65m×7.3m×3.2m）。公共区域位于房间中央，内部布置有洗手池，顶部有空调系统，层高较低

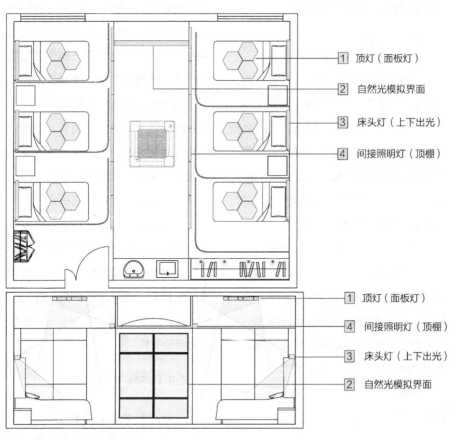

1 顶灯（面板灯）

2 自然光模拟界面

3 床头灯（上下出光）

4 间接照明灯（顶棚）

1 顶灯（面板灯）

4 间接照明灯（顶棚）

3 床头灯（上下出光）

2 自然光模拟界面

图5-9 实验空间布局及灯位图

（2.4m）。休息区沿公共区域对称分布于东西两侧，各布置3张床位，层高3.2m。运用VR建模软件（Unreal Engine 4）构建实验间的空间及光环境虚拟场景。基于单元间的空间现状，其照明改造策略如图5-10所示。

2）灯具及照明方式

基于实验间的空间特征、老年人视觉及行为需求，设置了如图5-9所示的4种类型灯具。床位区域设置了3种灯具：提供直接照明的顶灯，提供间接照明及重点照明的壁灯及床头灯。公共活动区域由于空间较低矮，缺乏自然采光，设置自然光模拟界面以补充人工照明。通过4种灯具的自由组合，实验空间中可以形成多种照明场景。本实验选取了表5-1所示的8种照明方式作为实验场景，分别为：场景1，顶灯提供的直接照明；场景2，床头灯提供的间接照明；场景3，壁灯提供的间接照明；场景4，床头灯和壁灯同时点亮提供的间接照明；场景5，顶灯和床头灯同时点亮提供的混合照明；场景6，顶灯和壁灯同时点亮提供

图5-10　实验空间照明改造策略

实验场景　　　　　　　　　　　表5-1

场景	照明方式	光照示意图	点亮灯具	光输出 /（lm/盏）	平均照度（模拟值）/ lx
场景1	直接照明		顶灯	1000	272
场景2	间接照明1		床头灯	2000	267
场景3	间接照明2		壁灯	3500	272
场景4	间接照明3		床头灯	1300	279
			壁灯	1300	

续表

场景	照明方式	光照示意图	点亮灯具	光输出 /（lm/盏）	平均照度（模拟值）/ lx
场景5	混合照明1		顶灯	700	282
			床头灯	700	
场景6	混合照明2		顶灯	800	272
			壁灯	800	
场景7	混合照明3		顶灯	600	282
			床头灯	600	
			壁灯	600	
场景8	环境照明		自然光模拟界面	7200	147

注：
1）以上所有场景色温设计值均为4000K；
2）场景1~场景7照度设计值为床面平均照度300lx，场景8则为公共区域工作面平均照度150lx。

的混合照明；场景7，顶灯、床头灯及壁灯同时点亮提供的混合照明；场景8，自然光模拟界面提供的环境照明。

3）照度及色温设计值

根据实验间各功能区域的活动类型及视觉需求，设定了相应的照明及色温设计值。场景1~场景7所提供的光环境主要集中在床位区域，该区域为老人的主要私人活动区域，从简单的卧床休息到高强度的视觉作业（如阅读、针线活等），活动类型多、跨度大。依据《建筑照明设计标准》GB 50034-2013中养老空间照明相关标准，"设计照度值"定为床面平均照度300lx。场景8主要为公共区域提供环境照明，视觉作业需求低，因此，根据《建筑照明设计标

准》GB 50034-2013，取一般活动时的照度标准值作为"设计照度值"，工作面平均照度150lx。所有照明场景色温设计值为4000K。

4）虚拟空间及光环镜构建

运用VR建模软件（Unreal Engine 4）构建出实验间的空间及室内环境。为了在虚拟照明场景中更准确地呈现各场景中"设计照度值"所对应的真实空间中的亮度感受，研究运用Dialx（EVO）进行反复模拟（模拟所得数据示例如图5-11及表5-2所示），推算出相应设计照度值时，各灯具的光输出量如表5-1所示。在实际模拟过程中，难以保证所有场景的模拟照度值与设计照度值300lx完全一致，因此，各场

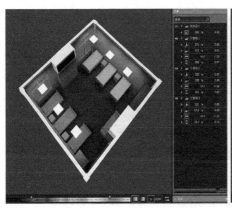

图5-11　直接照明（顶灯）EVO模拟3D效果图及伪色图

直接照明EVO模拟所得参数　　　　　表5-2

	结果	平均（目标）值	最小值	最大值	最小值/平均值	最小值/最大值
中间床面	水平照度 / lx 高度：0.8 m	272	245	291	0.90	0.84
	半圆柱形照度 / lx 旋转：0.0°，高度：0.8m	109	94.6	122	0.87	0.78
	垂直照度 / lx 旋转：0.0°，高度：0.80m	113	91.8	135	0.81	0.68
	统一眩光指数（UGR） 高度：0.8 m	—	最小值	最大值	限制值	—
		—	<10	16.0	19.0	
靠窗床面	半圆柱形照度 / lx 旋转：0.0°，高度：0.8m	115	106	126	0.92	0.84
	水平照度 / lx 高度：0.80m	233	194	264	0.83	0.73
	垂直照度 / lx 旋转：0.0°，高度：0.8m	128	113	145	0.88	0.78
	统一眩光指数（UGR） 高度：0.8m	—	最小值	最大值	限制值	—
		—	<10	16.3	19.0	
远窗床面	水平照度 / lx 高度：0.80m	231	191	262	0.83	0.73
	半圆柱形照度 / lx 旋转：0.0°，高度：0.80m	72.7	52.6	90.0	0.72	0.58
	垂直照度 / lx 旋转：0.0°，高度：0.80m	62.6	40.8	85.5	0.65	0.48
	统一眩光指数（UGR） 高度：0.80m	—	最小值	最大值	限制值	—
		—	<10	16.4	19.0	

景的实际模拟照度值为268~282lx。将表5-1内所示各灯具光输出数据导入虚拟场景对应的灯具模型中，渲染得到各照明场景的虚拟光环镜，场景示例照片如图5-12所示。

5）问卷设计

本项目通过主观问卷的方式收集被试对VR光环境的主观感受及视觉偏

图5-12 场景示例照片

图片来源：虚幻之光 绘制

好。问卷包含4部分。第一部分是被试的基本信息，包括性别、年龄和职业等。第二部分是"行为选择"，研究基于调研和文献总结出的养老空间中与光相关的行为及状态，主要有："早上起床""中午午休""晚上睡前""日常照明""看电视""看书/写字""聊天""吃饭"及"针线活"。让老年被试在各场景光环境下选择最适合从事的活动（2~3种）。第三部分是视觉及心理感受评价，采用"语义差别量表"。量表从-3~3，共7级，每一级代表被试主观感受不同的程度。视觉及情绪感受方面包含7组形容词：明亮/昏暗、开敞/封闭、温暖/寒冷、清爽/闷热、柔和/刺眼、清醒/慵懒、阳光/阴暗（无结论）。整体感受方面包含3组形容词：满意/不满意，舒适/不舒适，愉快/不愉快。

6）实验流程

实验过程分为"行为选择"和"语义量表打分"两部分。首先进行行为选择部分（此部分8种照明场景随机出现）。①被试进入实验间，熟悉整个空间，其间，主试简要介绍实验过程、解说VR场景中的注意事项，帮助老年

人进行心理建设，以免其在进入VR场景后出现异常反应。②被试坐定在休息区域中间床位边，戴上头盔，允许被试站立或扭头适应虚拟环境。主试切换场景，让被试初步了解所有虚拟场景，适应时间约2分钟。③摘下头盔，让眼睛休息2分钟。④被试再次坐定，带上头盔，主试将灯光场景切换至第一个待评价场景，被试适应1分钟，主试以发问的形式，让被试回答出在此照明场景下最适合进行的2~3种行为，并记录，以此方式完成所有场景的行为选择。场景之间被试可休息2分钟，以缓解视觉疲劳。由于8种照明场景评价时间过长，老年人视觉疲劳现象严重，因此，此部分筛选了5种代表性照明场景，分别是场景1、场景2、场景5、场景7和场景8。评价流程如下：①被试坐定，带上头盔，主试将灯光场景切换至第一个待评价场景（5个场景随机出现），被试适应1分钟，主试以发问的形式，逐一询问被试对各组形容词组的主观感受和打分情况，并记录。②以此步骤，完成对余下场景的主观评价，场景间摘下头

盔，休息2分钟，缓解视觉疲劳。③被试完成所有问卷，离开实验间。实验流程如图5-13所示，图5-14为实验过程照片。

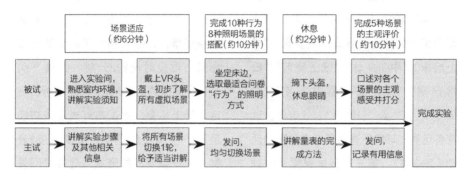

图5-13　实验流程示意图

图5-14　实验过程照片

图片来源：陈尧东，葛文静　摄

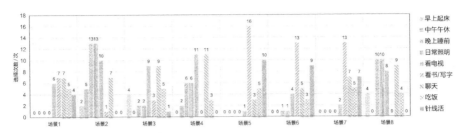

图5-15　各场景下被试所选适合进行的活动

5.2.2　数据分析及结论

1）行为—照明方式分析

实验中，被试共体验了8种照明方式，完成了9种行为（或状态）的选择。图5-15所示为每个场景下被试所选择的最适合从事的行为统计柱状图，横坐标为场景变量，纵坐标为选择人次。其中，场景1（顶灯亮），被试认为适合进行的活动（选择频次排名前3的行为）有"看书/写字""聊天"和"看电视"。"看书/写字"为视觉作业强度较高的行为，说明被试对此场景亮度感受较高，足以辨认文字。场景2（床头灯亮），被试认为最适合的行为有"日常照明""晚上睡前""看电视"。其中有半数以上的人觉得此场景适合"日常照明"及"晚上睡前"，

说明床头灯单独点亮给被试的感觉是休闲、舒适的，适合于无视觉作业的休息时间。场景3（壁灯亮），被试认为最适合的行为是"看电视""聊天""吃饭"。由于壁灯在被试视野的正前方，被试认为相较于床头灯单独亮（场景2），此场景明亮感更强。场景4（床头灯+壁灯亮），被试普遍觉得适合"看电视"和"聊天"，与场景3类似。被试还觉得适合"日常照明"和"晚上睡前"。场景5、场景6和场景7均是混合照明，其差异在于间接照明的数量。结果显示，这3种照明场景下，被试的行为选择十分接近，均认为最适合"看书/写字""针线活"等视觉作业强度较高的行为，结合场景1的

结果，说明顶灯提供的直接照明对被试的亮度感知影响较大。只要有顶灯提供的直接照明，被试就会认为亮度感受足以进行精细的视觉作业。场景8（自然光模拟界面单独开启），被试认为最合适的行为是"晚上睡前""日常照明"及"聊天"，说明此场景与床头灯亮（场景2）类似，给被试放松感，适合休憩。

从图5-15还可以看出老年人各种行为最适合的照明方式。"早上起床"和"中午午休"不常开灯，但场景3，即壁灯开启状态被4个被试认为最适合为"早上起床"提供照明；场景2（床头灯单独开启）被5名被试认为适合"中午午休"。被试认为最适合"晚上睡前"和"日常照明"的照明方式也是场景2（床头灯单独开启），除场景2外，场景8（公共区域自然光模拟界面）提供的环境照明也被认为适合日常照明。最适合"看电视"的照明方式是场景4，即壁灯和床头灯同时开启。最适合"看书/写字"的照明方式是场景5（顶灯+床头灯）。最适合"聊天"的照明方式也是场景4（壁灯+床头灯）。适合"吃饭"的照明方式分布较散，场景1、场景2、场景5、场景7分别得到5票，说明不同的人在"吃饭"时的照明需求存在差异，有的被试喜欢明亮，有的被试则喜欢在幽暗的光环境下"吃饭"。被试认为最适合做"针线活"的照明方式是场景5，其次是场景6和场景7。根据以上结果，总结得出老年人常见行为最适合的照明方式，如表5-3所示。

2）"语义差异量表"评价分析

语义差异量表评价部分完成了对5种照明场景的打分，分别是场景1（顶灯照明）、场景2（床头灯照明）、场景5（顶灯+床头灯照明）、场景7（顶灯+床头灯+壁灯照明）以及场景8（自然光模拟界面）。

为了避免个体差异造成的数据误差，首先通过SPSS软件分析样本间的相关性及个体差异，挑选出存在噪点的样本，并逐一修正，淘汰不合格样本。最终得到16个有效样本，通过比较平均值，探讨被试对每对形容词组的评价，获取老年人对室内照明方式的偏好及主观感受的规律。

图5-16所示为被试对各照明方式明亮程度感受的评价情况，从图中可以

老年人不同行为最适合的照明方式总结　　　　　表5-3

行为	最适合的照明方式	
	第一选择	第二选择
早上起床	场景3（壁灯）	场景8（自然光模拟界面）
中午午休	无人工照明	场景2（床头灯）
晚上睡前	场景2（床头灯）	场景8（自然光模拟界面）
日常照明	场景2（床头灯）	场景8（自然光模拟界面）
看电视	场景4（壁灯+床头灯）	场景2（床头灯）
看书/写字	场景5（顶灯+床头灯）	场景6（顶灯+壁灯）
聊天	场景4（壁灯+床头灯）	场景8（自然光模拟界面）
吃饭	场景1（顶灯）	场景3（壁灯）
针线活	场景5（顶灯+床头灯）	场景6（顶灯+壁灯）

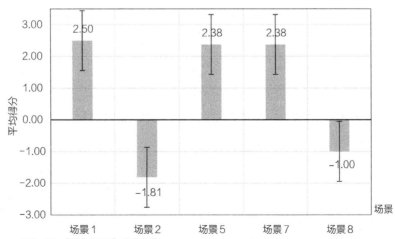

图5-16　"明亮/昏暗"感受评价

图片来源：作者自绘

看出，被试对含直接照明的所有照明场景（场景1、场景5和场景7）的亮度感受较高，且得分较接近，说明在混合照明中，直接照明对光环境整体明亮感受的贡献高于间接照明。在场景2（床头灯）中，床头灯提供间接照明，被试的亮度感受很低，平均值只有-1.81。说明即使在床面照度相同的情况下，被试也会觉得直接照明的亮度感受远远大于间接照明。其原因在于直接照明能将光线更均匀地分布到室内各表面，照度均匀度较高，被试对亮度的感知是对视野内所有表面亮度的综合评价。间接照明由于其光分布集中，各表面亮度差异大，部分表面可能亮度较高，可视度高，但部分表面较暗，可视度极低，视野内的整体可视度低于直接照明，因此亮度感受自然比直接照明低。

图5-17所示为被试在各照明方式下对空间"开敞/封闭"程度影响的评价打分，从图中可以看出，其分值分布与亮度感受一致。被试认为在场景2中，仅开启床头灯时，室内空间最封闭。其原因在于，床头灯照亮的区域范围较小，可视范围小，因此给人狭小、封闭之感。在场景8中，由于只有公共区域自然光模拟界面开启，休息区域较暗，可视范围也小，因此，也

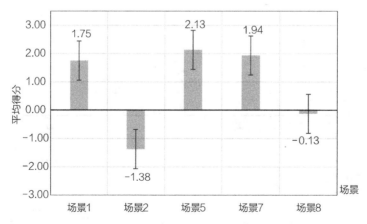

图5-17 "开敞/封闭"感受评价
图片来源：作者自绘

给被试封闭的感觉。对于含直接照明的场景1、场景5和场景7，由于灯光将整个空间各个表面都照得比较亮且均匀度较高，可视范围大，因此，给被试比较开敞的感觉。说明，房间的开敞程度不仅与照度有光，还与光分布、照明方式等密切相关。对于人不同的行为，可以用不同的照明方式营造具有不同"开敞/封闭"程度的空间。

图5-18所示为被试在各照明方式下对室内空间"温暖/寒冷"感觉的影响评价。从图中可以看出，被试对所有场景的评价均为正值，即温暖，由于所有场景的色温设计值均为4000K，此结果印证了被试评价的可靠性。此外，被试对场景1、场景5和场景7的温暖感受高于其他两个场景。这个结果可能说明：在相同色温下，随着亮度感受增加，被试对此色温所对应的冷/暖感受会更强烈（此猜测需要进一步实验验证）。不同的照明方式，由于其光分布不同，给人的明亮感受必然不同。因此，照明方式一定程度上也会影响被试的冷/暖感受。

图5-19所示为被试在各照明方式下对光环境"柔和/刺眼"感觉的

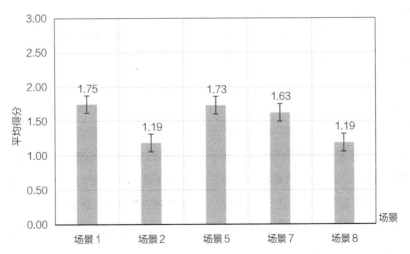

图5-18　"温暖/寒冷"感受评价
图片来源：作者自绘

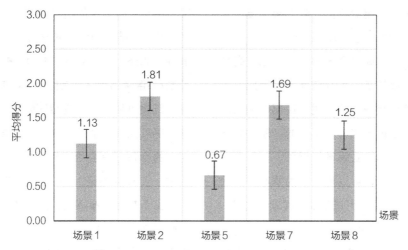

图5-19 "柔和/刺眼"感受评价

图片来源：作者自绘

评价情况。从图5-19中可以看出，被试认为光线最柔和的是场景2，仅开启床头灯。场景2由于光源不被直接看到，且室内光线均为二次反射光，因此，给人柔和、不刺眼的感受是合理的。但被试对场景7（所有灯全亮）的柔和度评价高于场景8，场景1高于场景5，这两个结果存在可探究之处。其原因可能是：①虽然间接照明（光源不被看到）给空间提供的光环境的柔和程度高于直接照明，但在含直接照明的混合场景中，相同照度下，使用灯具越多，各个灯具的光输出必然越低，室内亮度差异较小，眩光弱，因此，被试会觉得光线更柔和。②视野内如果出现明显的亮暗对比，会给被试刺眼的感觉，因此，空间需要高亮度的照明时，均匀的照明能减弱刺眼感。场景7（所有灯都点亮）正是由于亮度均匀度高，因此被试的刺眼感得到了缓解。

图5-20所示为被试在各照明方式下对"清醒/慵懒"感觉的影响评价。从图中可以看出，含直接照明的各场

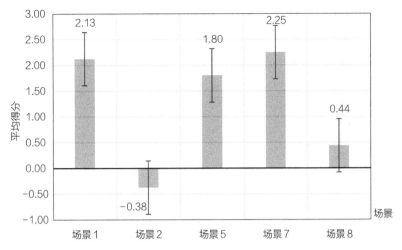

图5-20 "清醒/慵懒"感受评价

景，被试均认为给人清醒的感觉；而对于场景2（床头灯照明），被试则认为给人慵懒的感觉。对于场景8，被试给了较中立的评价。图中结果说明：均匀度及明亮感较高的照明场景给人清醒的感觉，适用于视觉作业；间接照明下，由于部分区域较暗，给人慵懒的感觉，不适合进行高强度的视觉作业。

根据前期个体差异分析得出不同个体对明亮程度有不同的偏好。大多数老年人在一定范围内偏好较明亮的光环境，少部分老年人却偏好较昏暗的光环境。因此，本研究对"愉悦度""满意度"及"舒适度"3个偏好性较强的评价因素进行分类分析。由于偏好暗光环境的被试只有2名，现去掉这2名被试，计算余下样本的平均值，得出图5-21~图5-23所示结果。从"满意度"评价结果看，总体来说，被试对所有场景的光环境都持满意态度。在场景1和场景7的照明方式下，被试满意度最高，其次是场景2和场景5，说明，总体上被试对光分布较均匀的混合照明和直接照明满意度更高。

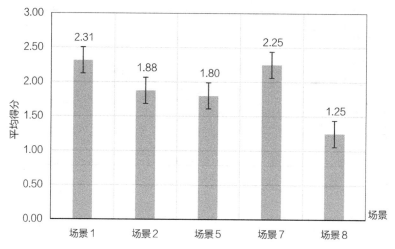

图5-21 "满意度"的影响评价

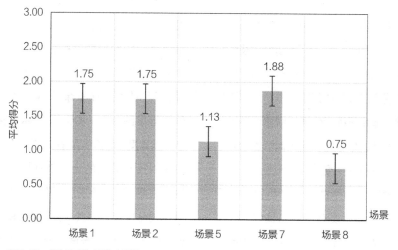

图5-22 "愉悦度"的影响评价

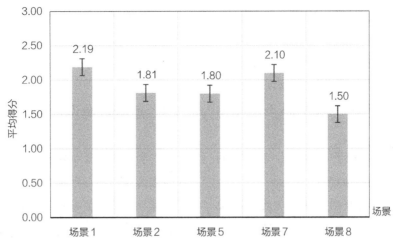

图5-23 "舒适度"的影响评价

在"愉悦度"和"舒适度"评价方面，被试也对场景1和场景7的评价最高。总体来说被试对场景8的评价较差，其原因也许在于自然光模拟界面不符合老年人的使用习惯，以往也没有使用过这种墙面发光的照明方式。

5.2.3 结论及总结

本项目主要得到以下几方面的结论：

1）老年人在日常生活中有不同的行为，这些行为存在异于年轻人的独特性，不同行为下，老年人对光环境及照明方式的偏好和需求也不同。本项目根据实验结果，总结出了表5-3所示的老

年人行为与照明方式的偏好关系。

2）老年人对光环境的明暗偏好存在差异，大多数老年人在一定范围内偏好较明亮的光环境，但也有小部分老年人偏好较昏暗的光照环境，因此，可调节、简单控制的智能照明系统对于适老性光照环境营造非常必要。

3）照明方式与主观感受：

（1）照明方式与明亮感受方面。工作面相同照度下，被试对含直接照明的光环境（场景1、场景5和场景7）的明亮感受高于间接照明，其原因在于被试对空间的亮度感知是对视野内所有表面亮度的综合评价。直接照明能更直接

地将光线分配到室内各个表面，照度均匀度较高，各表面可视度也较平均；而间接照明光分布集中，各表面亮度差异大，明暗差异导致的低可视度（老年人对明暗差异的适应能力差）给老人昏暗的感觉。

（2）相较于间接照明，直接照明给被试更开敞的感觉。

（3）在照明方式与光线柔和度方面，首先，在含直接照明的各混合照明场景中，被试认为使用的灯具越多，视野内照明均匀度越高，光线越柔和，因此，通过提高照明均匀度，可以降低刺眼的感觉；其次，间接照明中，被试认为壁灯比床头灯刺眼，原因在于视野内如果出现较大的亮暗对比，会给被试刺眼的感觉；最后，间接照明并不意味着光线柔和，关键在于光源是否出现在视野内，即视野内的亮度均匀度。简言之，视野内的亮度均匀度是影响柔和/刺眼感受的重要因素。

（4）在"愉悦感""舒适感"及"满意度"方面，三者评价趋势是基本一致的。总体来说，对含直接照明的场景的各项评价均较高，说明大部分老

年人还是倾向于选择在明亮且均匀度较高的光环境中活动。

5.3 适老灯具设计研究

本项目对上海市第三社会福利院失智老人照料中心标准护理单元间进行了照明改造，改造过程及效果如图5-24～图5-28所示。该照明方案能实现多种照明方式，并通过智能控制系统进行面板一键式控制。为了适应养老单元间特定的空间环境及照明现状特点、满足多元照明模式，完成了4款适老性健康型灯具的设计及试制工作，灯具具体信息如表5-4所示，分别为直接照明（顶灯）、间接照明（壁灯）、床头重点照明（床头灯）、公共空间节律照明（自然光模拟界面），以及以上4种照明方式的随机组合。

5.3.1 直接照明，面光源，模块化，适应性

直接照明作为一个空间中主光源最常用的照明方式，对于眩光感受高度敏感、对光照剂量需求又高于年

图5-24　灯具安灯过程

（a）实验间照明及色彩改造效果图

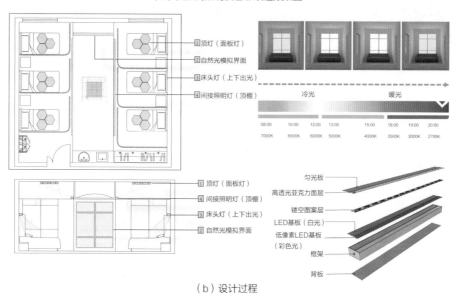

（b）设计过程

图5-25 照明设计过程及效果图（1）

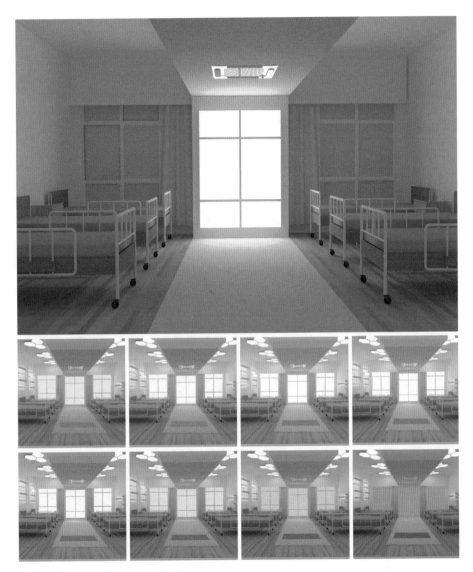

图5-26 照明设计过程及效果图（2）

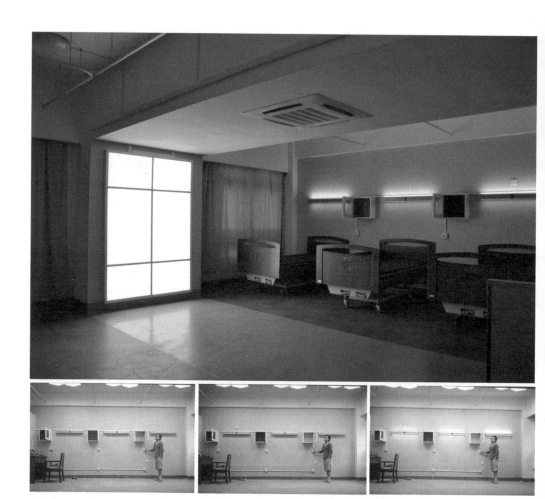

图5-27　照明竣工图（1）

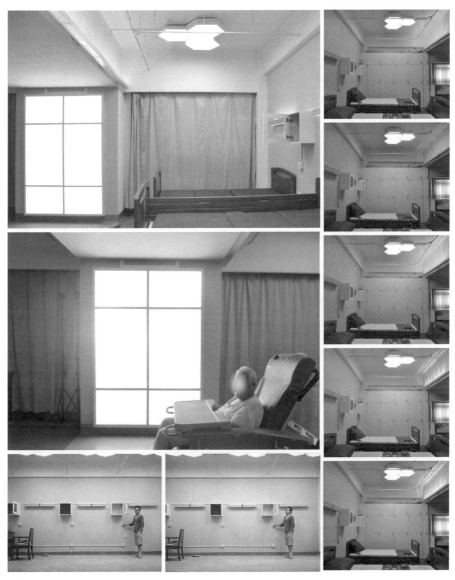

图5-28　照明竣工图（2）

照明竣工效果视频

适老性健康型灯外形及参数（设计值）信息表　　　　　表5-4

灯具名称	灯具外观	个数	设计照度	色温	显色性	单灯控制
顶灯（面板灯）		18	平均值0~2000lx（工作面高度，单灯）；无极调光	2700~8000K，无极调光	≥90	安装室内外色温同步系统
自然光模拟界面		1	平均值0~10000lx；无极调光	2700~17000K，无极调光	≥85	安装室内外色温同步系统，室内外照度同步
床头灯（上下出光）		6	平均值0~300lx（书桌区域，间接照明）；无极调光	2700~8000K，无极调光	≥90	安装室内外色温同步系统
壁灯（白光+彩光）		12	平均值0~300lx；无极调光	2700~8000K，无极调光	≥85	安装室内外色温同步系统

轻人的老年人来说，其发光面的亮度对光环境的品质起决定性作用。为了减少眩光，同时增加光照量，大面积的发光表面优于点光源。模块化的灯具构成形式可以弥补整块发光面呆板、沉闷的形象，且适应性更强，十分适合养老空间。

本项目的主光源为六边形模块化面板灯，安装在养老单元间休息区顶部，床正上方，为休息区域提供功能照明。为满足实验所需高照度，灯具外形设计为六边形模块，以保证在灯具照度不足时，能任意拓展灯具数量，而不影响美观。现每个床位上方设计安装3个，每个模块之间有高差，形成错落之感。

灯具参数：（边长）300mm×（边长）300mm×（高）55mm，（边长）300mm×（边长）300mm×（高）90mm，（边长）300mm×（边长）300mm×（高）120mm。灯具尺寸如图5-29所示，外形及安装效果如图5-30所示。

直接照明面板灯

• 灯具厚度三种，以形成高低错落的秩序感

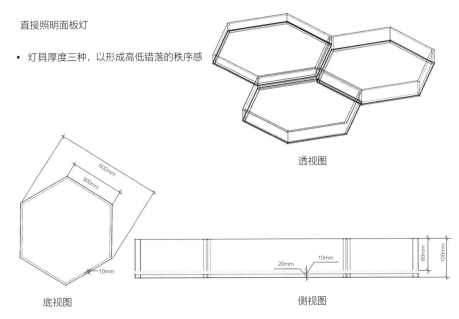

透视图

底视图

侧视图

图5-29　灯具尺寸信息图

灯具规格：24VDC，2700~8000K，色温可调，74W+74W，冷轧板灯体，乳白亚克力封面，内置DMX512，底部出300mm六芯电源信号裸线。IP20，配电源，电源不带风扇。

5.3.2　床头灯，重点照明，上下出光

老年人卧床时间长于年轻人，有的老年人甚至常年卧床，故床头区域的照明适应性对老年人的活动、视觉健康十分重要。这些老年人在床上的行为从无需视觉作业的睡觉、半躺休息到视觉作业较强的阅读、接受医护检查，具有多样性和复杂性。因此床头灯的可调性、适应性十分重要。

本项目设计了上下出光的床头灯，能满足老年人的多种行为需求。如，当老年人需要在床上阅读或接受医护检查时，采用下出光模式，灯具

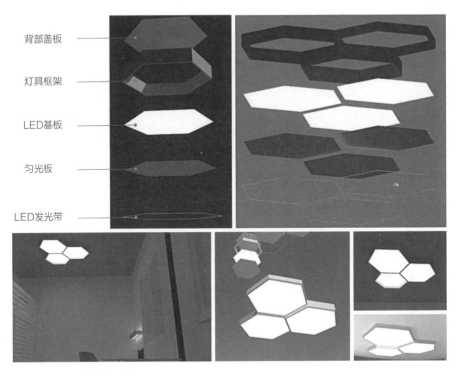

背部盖板

灯具框架

LED基板

匀光板

LED发光带

图5-30 灯具构造及效果图

能提供200~500lx的床面照度；当老年人睡前休息时，可采用上出光模式，提供柔和的间接照明光环境，创造良好的睡前照明氛围。

如图5-31所示，该灯具外边框尺寸为100mm×150mm×1000mm。灯具的上下出光方式是通过在内部设置可转动轴承带动反光板实现的，使用者根据需求手动调节出光方向，内部可转动反光板配光细节如图5-32所示。从图5-33中的灯具爆炸图可以看出，灯具有以下构件：背板、反光板、旋转轴承、手动调光板、LED基板等。其中，灯具最外面设置彩色发光带及发光面，是为了配合室内颜色设计中的私人区域主题色，通过在个人活动区域的特定位置设置主题色，如床尾名牌、床头柜及床头灯的颜色，帮助

（a）效果图

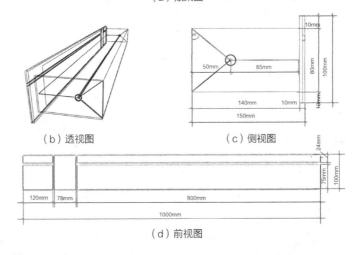

（b）透视图　　　　　　　　　　　　　（c）侧视图

（d）前视图

图5-31　床头灯渲染图及尺寸信息

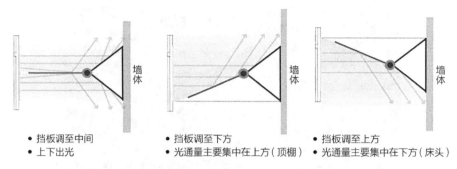

- 挡板调至中间
- 上下出光

墙体

- 挡板调至下方
- 光通量主要集中在上方（顶棚）

墙体

- 挡板调至上方
- 光通量主要集中在下方（床头）

墙体

图5-32 灯具出光方式示意图

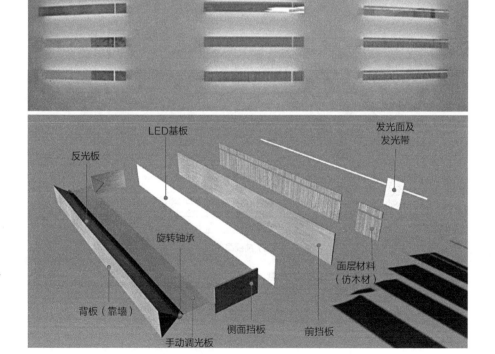

图5-33 床头灯出光方式、灯具构件爆炸图

失智症患者识别自己的床位,降低走错床位的概率。

灯具规格如下:24VDC,2700~8000K,色温可调,10W+10W,冷轧板灯体,乳白亚克力封面,内置DMX512,底部出300mm六芯电源信号裸线。IP20,配电源,电源不带风扇。表面贴仿木材墙纸,最外层贴透明亚克力和彩色带。

5.3.3　壁灯(白光+彩光模块),氛围营造,情感照明

养老空间除了提供基础照明外,还应设置满足情感需求的氛围照明。以壁灯形式存在的间接照明可以改善墙面的单调感,提供一定的环境照明,避免压抑、狭窄之感。特定时间、适量的彩色光可以调节老年人的情绪,不同的光色对老年人的心理干预存在差异。

本项目设计了一款双模块、安装于公共区域顶部侧墙上的壁灯,提供间接照明。灯具总体尺寸为:100mm×60mm×1000mm,如图5-34~图5-36所示。灯具由白光模块和图案彩光模块构成。其中,白光模块提供一定的功能性照明,在适当时候补充室内照度;图案彩光模块提供情绪照明,通过在特定时间开启适当彩色光调节和改善老年人的负面情绪。

灯具规格:24VDC,360粒+36粒(RGBW),2700~8000K(色温可调)+RGBW(灯珠是单颗,W4000K,一段像素)宽度50mm区域做色温可调,宽度50mm区域做RGB,20W+36W,冷轧板灯体,可调色温乳白亚克力封面,RGBW透明亚克力封面,介质层喷涂白色,和外壳颜色相同。内置DMX512,

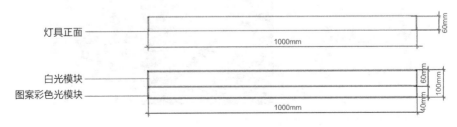

图5-34　壁灯尺寸

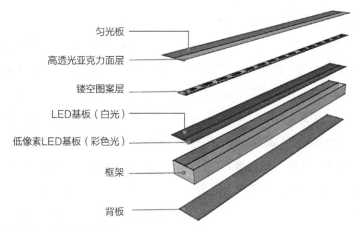

匀光板
高透光亚克力面层
镂空图案层
LED基板（白光）
低像素LED基板（彩色光）
框架
背板

图5-35 灯具构件爆炸图

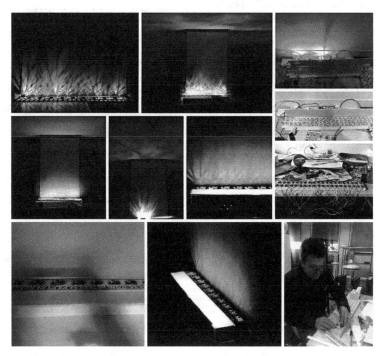

图5-36 灯具出光效果、模型及制作过程
图片来源：陈尧东，曹亦潇 摄

底部出300mm电源裸线和信号裸线（信号电源分两路）。IP20，配电源，电源不带风扇。

5.3.4　自然光模拟，节律照明

老年人行动不便，在室外活动的时间十分有限，由于接触的自然光较少，对时间的感知较弱，昼夜节律容易出现紊乱。节律紊乱对老年人的睡眠质量、进食质量都会产生影响。研究显示，高强度光照刺激对老年人的昼夜节律具有干预作用，白天的强光照射能有效改善老年人夜间的睡眠质量。模拟自然光的人工照明能给老年人有效的时间感知，从而进一步巩固其节律稳定性。

本项目在昏暗、低矮的公共活动区域设计了一款自然光模拟界面，以真实窗户的形象为原型，补充公共区域照度的不足。同时，试图为老年人在公共区域活动时提供光照刺激，以调节老年人的节律紊乱及情绪问题。灯具由两种规格的模块组成。尺寸分别为：750mm×80mm×1070mm（模块1）和515mm×80mm×750mm（模块2），

如图5-37所示。此外，这款灯具通过室外探头，可以保持室内照度和色温与室外同步变化，以帮助老人感知一天的节律，如图5-38所示。

模块1灯具规格：24VDC，2700~17000K，色温可调，74W+74W，冷轧板灯体，乳白亚克力封面，变宽翻边10mm，内置DMX512，底部出300mm六芯电源信号裸线。IP20，配电源，电源不带风扇。

模块2灯具规格：24VDC，2700~17000K，色温可调，42W+42W，冷轧板灯体，乳白亚克力封面，边框翻边10mm，内置DMX512，底部出300mm六芯电源信号裸线。IP20，配电源，电源不带风扇。

5.4　基于VR技术的适老色彩环境循证设计方法探索研究

随着"大健康"理念深入人心、成为全民热点，人们对建筑空间的环境也提出了健康的需求，单纯从空间

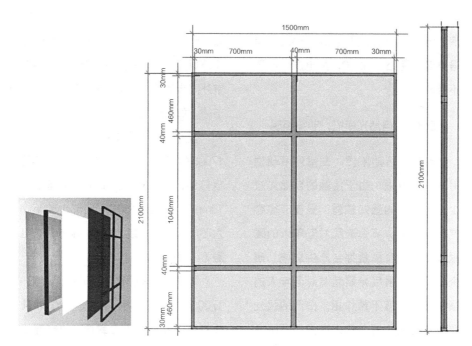

图5-37　自然光模拟界面尺寸

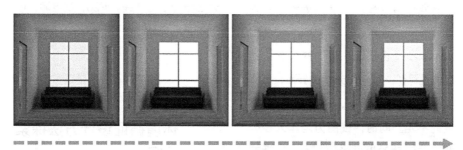

图5-38　灯具色温控制模式示意图

形态、艺术表达入手的设计方法已经无法满足市场的需求[1]。循证设计作为科学、客观的设计方法，能让设计过程在关键节点有理可述、有据可循，充分建立起设计对象与服务人群之间的联系，最大限度实现"以人的需求为导向"的环境营造。循证设计是一种以高品质、健康型设计为导向，有机整合了科学研究的庞大"研创"体系，因此周期长、流程繁杂。如何运用科学的手段及最新技术提高设计效率，提高环境品质，具有较大的科研意义和较高工程指导价值。

本节系统介绍了虚拟现实技术在替代真实建筑空间及空间中的视觉要素，进行高还原的空间建构及沉浸式室内色彩模拟，完成循证设计流程的有效性及可靠度。充分证明了VR技术对于完成高品质的适老型室内色彩环境的营造起到了"场景模拟""设计沟通"及"方案确定"等辅助作用；对于实现"以特定人群需求为导向"的个性化及定制化设计也能提供数据支持。

5.4.1 概述

1）循证设计的发展及优势

循证设计（Evidence-based Design，简称EBD）源于循证医学（Evidence Based Medicine，简称EBM），是当代建筑及环境设计发展的趋势之一。循证设计是一种以高品质、健康型设计为导向，有机整合了科学研究的庞大"研创"体系，作为一种科学的、客观的设计方法，能让设计过程在关键节点有理可述、有据可循，充分建立起了建筑空间、环境与人之间的联系，能有效实现针对特定人群个性化及定制化的环境营造。循证设计方法第一次被提出是在1984年，建筑学教授Ulrich[2]在一个医疗建筑的设计项目中，通过将科研实验与设计有机结合，基于研究所证明的环

---

1 郝洛西，崔哲，周娜，等. 光与健康：面向未来的开拓与创新［J］. 装饰. 2015（3）：32-37.
2 ULRICH R S. View through a window may influence recovery from surgery. Science，1984, 224（4647）：420-421.

境因素（自然光）对病患的病情的影响作用，设计并营造了一个疗愈型的医疗空间。1996年，Sackett[1]精确定义了循证设计的核心价值：循证设计强调建筑环境设计应基于严谨的科学研究，结合实践经验，并综合空间使用者主观意向及客观生理数据，据此，提出最优设计方案。这种设计方法能最大限度地建立设计对象与使用人群之间的联系，不仅对用户自知的主观感受，还对用户不自知的客观健康要素做出科学的回应。

近年来，循证学的应用范围得到极大的延伸，在众多领域（如建筑学、规划学、护理学、心理学等领域）得到应用[2]。其中，室内色彩环境的循证设计基于色彩对人的视觉和情绪（色彩心理学）的影响，通过科学的实验研究，量化最佳色彩参数，建立室内色彩环境与空间使用者健康和情绪之间的数据关系，进而指导实际工程设计与应用。

2）VR技术与循证设计

近年来，VR技术日趋成熟，对于虚拟场景的构建及对真实世界的模拟真实感越来越强、还原度越来越高，能给使用者极强的临场感和沉浸感。因此，VR技术在各个领域如教育[3,4]、工业设计[5]、医疗行业[6]等得到了广泛的应用。其中，VR技术在城市和建筑行业的应用最为深入且广泛。原因在于：虚拟现实技术能快速完成大量空

1 SACKETT D L, ROSENBERG W M C, GRAY J A M, et al. Evidence based medicine: what it is and what it isn't [J]. BMJ, 1996, 312 (7023): 71-72.

2 TRINDER L. Evidence-based practice: a critical appraisal[J]. Promoting partnership for health, 2000, 42(2): 29-33.

3 BAILENSON J N, YEE N, BLASCOVICH J, et al. The use of immersive virtual reality in the learning sciences: digital transformations of teachers, students, and social context [J]. Journal of the learning sciences, 2008, 17 (1): 102-141.

4 PSOTKA J. Immersive training systems: virtual reality and education and training [J]. Instructional science, 1995 (23): 405-431.

5 LI J R, TOR S B, KHOO L P. A hybrid disassembly sequence planning approach for maintenance [J]. Journal of computing information science in engineering, 2002 (2): 28-37.

6 JOHNSEN K, DICKERSON R, RAIJ A, et al. Experiences in using immersive virtual characters to educate medical communication skills [C]. IEEE Virtual Reality Conference 2005(UR'05), 2005.

间及环境元素的构建及模拟,并提供沉浸式展示,设计者及终端用户能够非常快速地完成对待选方案的评价和择优实验,从而大大缩短设计的周期;此外,相较于传统的搭建真实场景进行模拟研究的实验方法,VR技术还能节省大量人力、物力和相关经费的支出。因此,VR技术在辅助完成循证设计方面具有非常大的先天优势和潜力。

5.4.2 案例

选取上海市第三社会福利院失智老人照料中心养老单元间为研究对象。研究基于老年人对室内色彩识别的视觉及心理特征,结合色彩心理学理论,对老年单元间色彩进行了系统的策略性改造设计,并应用VR技术,构建大量以色彩参数为变量的沉浸式虚拟场景,甄选老年被试进入虚拟场景,进行主观评价,最终确定适合养老空间的色彩改造方案。

实验空间布局如图2-10和图2-11所示。

1)室内色彩改造策略

基于老年人对色彩识别的视觉及心理特征,结合色彩心理学理论,制定了养老单元间的色彩改造策略,如图5-39所示,主要讨论的色彩类型及

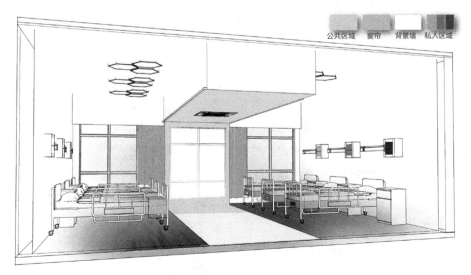

公共区域　窗帘　背景墙　私人区域

图5-39 养老单元间室内色彩改造方案示意图

区域有：

（1）背景墙面色彩：背景墙是室内色彩面积最大的区域，其色彩影响着整个空间的颜色氛围，对老年人的视觉及心理的影响不可回避，因此纳入讨论范围。

（2）公共区域装饰墙色彩：公共区域由于层高较矮，自然光照无法到达，且室内反射率低，导致该区域空间给人昏暗、压抑之感。老年人也不太愿意在此区域活动。研究试图通过局部运用彩色装饰墙面激活该空间，探讨局部区域颜色对老年人的视觉、行为及情绪的影响作用。

（3）窗帘色彩：窗帘作为室内空间除墙面外另一种大面积色彩元素，对老年人的影响也不容忽视。

（4）私人区域主题色：私人区域的主题色可以帮助老年人区分自己的床位、识别自己的私人物品，增强归属感。由于老年人视觉系统衰退，对颜色的识别能力降低，因此主题色试图讨论老年人对不同对比度的颜色的识别能力及喜好度。

色彩系统是一个庞大的体系，为了缩小探讨范围，对市场上室内空间常用的色彩进行大样本量的抽样调研，归纳总结各类颜色的趋势及规律，并据此找出降维的方法。调研显示：背景墙面色彩、公共区域装饰墙色彩及窗帘色彩3类色彩在饱和度（S）和明度（B）值上都相对集中，各有倾向性，而色相（H）值相对离散。因此，将S和B值定为各类样本的平均值：背景墙面色彩，S=14%、B=83%；公共区域装饰墙色彩，S=64%、B=76%；窗帘色彩，S=60%、B=24%。色相选用标准12色相中的9种颜色。具体色彩选择如表5-5所示。

为了探索老年人对临近色及对比色的识别能力和视觉偏好度，研究在12色环中选取8种三色搭配。所选颜色搭配分为两类："120°对比色""120°对比色+30°邻近色"，具体配色选择如表5-6所示。

2）循证实验

共有21位老年人被试参与实验（部分老人由于无法适应VR场景，中途退出实验），其中男性8位，女性13位。被试老年人年龄65~90岁，平均年龄82岁。

私人区域主题色配色待选方案

表5-5

区域	搭配1	搭配2	搭配3	搭配4	搭配5	搭配6	搭配7	搭配8
私人区域主题色配色 HSB								
色环位置	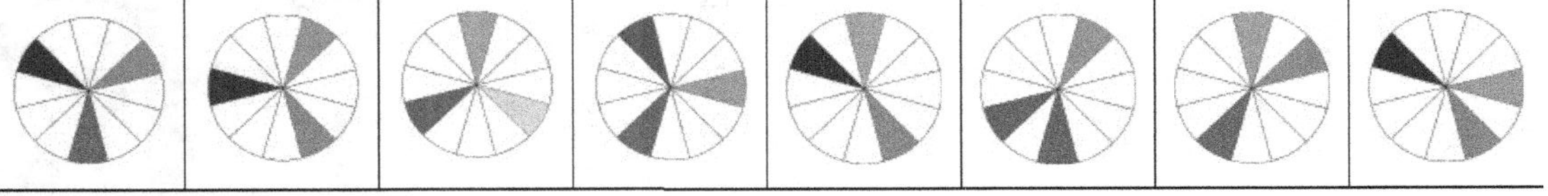							

背景墙面色彩、公共区域装饰墙色彩及窗帘色彩3类颜色待选方案

表5-6

区域 \ H S，B	H=0	H=12	H=24	H=36	H=60	H=84	H=120	H=180	H=240	H=264	H=300	H=336
公共区域色彩 S=14% B=83%	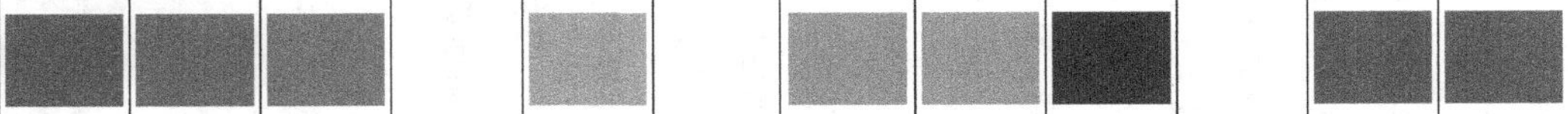											
背景墙色彩 S=64% B=76%												
窗帘色彩 S=60% B=24%												

实验步骤为：①被试进入实验空间，熟悉整个空间，其间，主试简要介绍实验过程、讲解VR场景中的注意事项，并帮助老年人进行心理建设，以免其进入VR场景时出现异常反应。②被试坐定在公共区域中间的凳子上，戴上头盔，允许被试站立及扭头看看四周。主试切换场景，让被试初步了解及适应所有虚拟场景，适应时间约5分钟。③主试随机切换各个区域的颜色，让被试初步了解将要完成的颜色筛选工作。④主试切换第一个区域的颜色（将背景墙颜色、公共区域装饰墙颜色、私人区域主题色及窗帘颜色评价提前随机排序），切换1轮，让被试熟悉；然后主试切换第2轮颜色，速度均匀、平缓，让被试看到自己喜欢的颜色就叫停，主试记录下颜色编号，每类色彩选择1~2种。⑤以④所述步骤完成所有区域颜色评价。其间，如果被试感到眼部疲劳或不适，可以摘下头盔，休息2分钟，以避免因疲劳引起评价误差。⑥被试完成所有问卷，离开实验空间。图5-40为实验过程照片及场景、问卷等信息。

3）数据分析

通过应用Excel等统计软件对所得数据进行分析处理，得到老年人对养老单元间内各区域色彩的偏好情况。图5-41所示为老年人对背景墙的颜色选择情况，图中横坐标为各颜色的H值，纵坐标为选择人次。从图中可以

图5-40 实验过程照片及场景、问卷等信息
图片来源：陈尧东，葛文静 摄

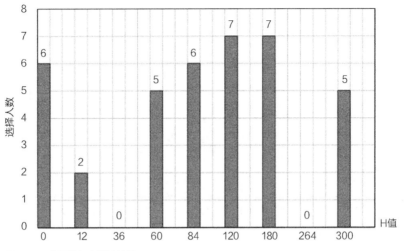

图5-41　背景墙色彩评价结果

看出，颜色分布相对较均匀，偏好并不显著，原因可能在于明度较高的色彩较淡，给人的视觉刺激较弱，老年人甚至感受不到这类颜色的差异，因此，即使色相不同，老年人并没有表现出明显的偏好。尽管如此，从图中仍然可以看出：蓝绿色系被选择的次数更多，票数最高的两种颜色H值分别为120和180。

图5-42所示为老年人对公共区域装饰墙色彩的选择结果，从图中可以看出，与背景墙色彩选择结果相比，此类色彩选择更为集中，色相值为

180的蓝色被10个被试选为最偏好的颜色，占比接近半数。当颜色较鲜艳时（如颜色饱和度在63.6%、明度在75.6%左右时），不同色相的色彩对人视觉及情绪的影响较淡颜色更强烈，因此，被试的好恶倾向更明显。老年人偏好蓝绿色系的原因有以下两点：①由于老年人的视觉衰退，对颜色的敏感度降低，人眼对不同颜色的光的视敏感曲线显示，人眼对555nm的光的敏感度最高，即人眼对蓝、绿色光的敏感度高于红光。②颜色心理学理论研究显示，蓝绿色能使人镇静，给

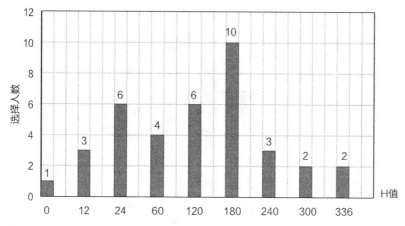

图5-42　公共区域装饰墙色彩评价结果

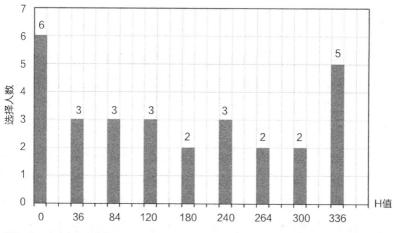

图5-43　窗帘色彩评价结果

人安静、清爽的感觉，红黄色容易使老年人烦躁，同时容易产生其他负面情绪。此外，做该实验时正值夏季，这也加剧了被试对蓝绿色系的偏好。

图5-43所示为老年人对窗帘颜色的选择结果，颜色分布相对较均匀，与背景墙的淡颜色原因一样，当颜色样本明度较低、颜色较暗时，不同的

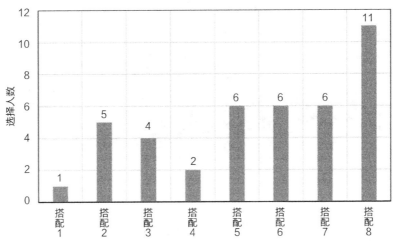

图5-44 私人区域主题色评价结果

色相表现出的差异并不明显，给人的视觉刺激差异不大。而图中与背景墙及公共区域颜色选择存在较大差异的点在于：对于较暗的颜色，比起蓝绿色系，被试反而倾向于红色系，H=0及H=336的两种颜色。

图5-44所示为被试对私人区域主题色的选择结果，从图中可以看出老年人最倾向于第8种搭配，有11个人选择，超过半数，第5、6、7种并列第二，均得到了6票。可见相较于"120°对比色"，大部分票数集中到了"120°对比色+30°邻近色"。因此，有理由相信，对于私人区域主题色，

在标准12色环中，老年人比较倾向于选用"对比色+邻近色"做搭配。其原因可能在于：对比色虽然能帮助老年人很好地识别物体，但是从视觉偏好度来说，临近色给老年人的视觉感受较柔和，不会产生强烈的刺激，因此，老人倾向于选"对比色+邻近色"。

5.4.3 实验结论

在适老空间中，室内色彩及其搭配可以改变室内光谱环境，并通过视觉作用影响老年人的情绪及生理节律，因此室内色彩的合理应用能通过视觉及情感作用改善空间环境的品

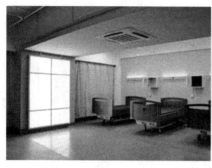 

图5-45 实验空间改造效果图

质，从而提高老年人的生活质量并提升幸福感。

本实验通过VR沉浸式呈现手段，基于真实的养老空间，构建虚拟颜色场景，让老年人对虚拟颜色场景进行主观评价，最终筛选出符合其视觉偏好的室内色彩设计方案，并通过数据统计、归纳总结和分析，得到适老性、健康型室内色彩设计结论及建议。图5-45所示为根据实验结论完成的养老单元间的色彩改造室内实景照片。

由于不同的色彩会给老年人不同视觉感受，养老空间色彩设计时应尽量避免武断地从设计师的角度出发，忽略使用者的感受。客观性较强的"循证设计"在养老空间的色彩设计中具有重要的指导意义。

对于养老空间的色彩设计，明度过高或过低的颜色给人的视觉刺激较弱，老年人对色相的偏好表现得不明显，因此，在使用此类颜色时，设计师自由度较高，可以更多地考虑其他用户的偏好，如护工、家属等。

当明度与饱和度处于中上水平，色彩较鲜艳时，对人的视觉及情绪影响较大，此时，老年人对颜色的偏好较明显。因此，对于鲜艳颜色的应用应更加注意参考老年人的意见。

总体来说，相较于红黄色系，大部分老年人偏好蓝绿色系，蓝绿色系给人清爽、安宁之感。

对于多种颜色搭配，从视觉偏好度出发，老年人更倾向于选择邻近色，因为邻近色给人的视觉刺激更柔和；从视觉作业角度出发，对比色能更有效地帮助老年人识别物体，有效提高视觉作业效率。

5.4.4　讨论及总结

老年人是一个特殊的群体，对环境质量的要求也相对较高、较精细。采用循证设计的手段可以多维度挖掘老年人对空间环境的视觉、情感及健康方面的需求，营造适老性环境。虚拟现实技术由于其对建筑空间及其他可视环境因素的高度还原性，能够有效运用于循证设计的各个阶段，大大缩短设计周期、提高设计品质。

目前将VR技术应用于室内健康环境的研究尚存在以下问题：

1）对于环境参数的探讨均基于视觉效应

目前，由于VR技术的限制，大部分以VR技术为工具的研究都是基于视觉效应。目前VR技术最为核心的部件为头戴式显示系统，其本质是显示器，因此，运用VR技术进行科学研究也就只能局限于视觉系统作出定性探讨，而无法进行定量研究。例如，VR技术用于室内光照环境研究可以完成对照明方式（空间光分布）的探讨，对亮度、色温做明暗、冷暖等倾向性的讨论，而无法完成深入到数量级的定量研究。尽管如此，VR技术在城市设计、建筑空间及环境模拟领域还是大有可为。

2）VR系统的互动性仍需加大开发力度

除了沉浸感强之外，VR技术的另一个优势在于它在人机交互方面的强大潜能。这一优势已成功在建筑设计各个阶段的研究中得到应用。如，在建筑施工中，运用VR技术探讨施工流程，获得最优的施工方案及流程。在建筑动态采光、智能遮阳研究方面，通过研究人的行为，探索遮阳控制界面的安装位置及遮阳的动态模式。随着技术的发展、新的互动模式的不断开发，VR技术基于人机交互功能的研究能够深入到更多领域。

3）沉浸感强，但还原度仍有待提高

目前，得益于球幕显示方式及互动性，VR技术能够给用户带来极强的沉浸感及临场感，但由于技术的限制及运行原理，VR技术对于真实世界的物体的细节及色彩的还原仍然无法替代真实空间，还需要突破大量的技术瓶颈。

5.5 高强度光疗参数对老年AD患者睡眠改善的实验

5.5.1 研究方法

以改造完成后的养老单元间作为实验空间，基于4款新型适老性灯具及智能照明控制系统所营造的高适应性的光照场景，根据文献及前期研究基础筛选出不同照度和色温的光照场景，对4名老年AD患者进行光照刺激实验，同时记录被试全天接受到的其他光照情况。利用智能床垫，在不影响被试睡眠及日常生活的情况下记录其夜间的睡眠情况，通过数据分析，建立光照环境与老年人睡眠质量之间的相关性数学模型。筛选出最利于调节及改善失智老人节律及睡眠质量的光照参数。通过智能灯具控制系统，构建一套完整的节律调节型、睡眠改善型适老性光照系统。

5.5.2 照明场景

在前期研究的基础上，共设计了7个高强度实验照明场景。如表5-7所示，变量为色温及照度，其中色温包含3000K、5000K和9000K三个等级。根据各通道的发光阈值，在5000K时，设置了500lx、1000lx和2000lx三档照度；在3000K和9000K时设置了500lx和1000lx两档照度。由于要完成表5-7中所有场景的光照刺激实验需要的周期较长，因此本轮实验将分阶段进行，第一阶段实验的照明场景为场景4（1000lx、5000K）及场景6（1000lx、9000K）。

5.5.3 被试

由于各方面条件限制：①三福院中失智老人大多服用安眠药，多方协商，始终无法停止服用安眠药。②实验间空间公共区域有限，仅能容纳4~6位老人。③监测被试睡眠及光照信息的仪器数量有限，无法同时实现对更多被试的实验监测。但本实验研究的是光照对失智老人节律及睡眠质量的改善作用，样本个体可以用照射前的

节律调节照明刺激实验照明场景　　　　　　表5-7

参数 场景	照度 （设计值）/ lx	色温 （设计值）/ k	照度 （实际值）/ lx	色温 （实际值）/ k
场景1	1000	3000	1026	3096
场景2	500		518	3090
场景3	2000		2005	4946
场景4	1000	5000	1058	5007
场景5	500		515	4962
场景6	1000	9000	1293	8907
场景7	500		512	8679

注：表中所有参数均为离自然光模拟界面2m处，正中心垂直于界面方向的测量值。

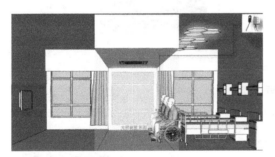

图5-46　实验现场示意图

图5-47　实验现场照片

数据和照射后的数据进行比对，无需进行样本间的相互比对，且前后睡眠数据量较大，因此，小样本量作为一个妥协的实验方案亦是合理的。

因此，最终对4名被试进行了光照刺激实验。图5-46所示为实验场景被试位置安排示意图，光源为自然光模拟界面，休息区域顶灯开启，提供背景照明（床面照度150lx），防止过于剧烈的亮度对比。被试的轮椅放在图中所示的位置，以保证获得足够高的眼位照度。为防止被试对新环境的不适和排斥，模仿被试平时的行为，在实验间中安装了一台电视，并播放老人平时看的电视节目。图5-47为现场光照刺激期间的现场照片。

5.5.4 实验数据收集及设备

实验拟建立光照刺激与老年人睡眠质量之间的量化关系，因此着重收集老年人白天接受到的光照信息和夜间睡眠数据。

1）昼间光照数据

由于实际情况，无法控制被试除光照刺激实验以外的活动，因此，对于被试白天接收的其他光照，使用实时照度记录仪全天候跟踪被试所接受的光环境并记录相关数据。由于被试均有一定的喜恶，有一定的攻击性，穿戴式设备往往会被被试撕扯或丢弃。所选被试下床后的大部分时间均在轮椅上，椅背较高，实时照度监测仪探头安装在如图5-48所示的椅背上，收集到的光度数据与被试瞳孔处的照度值较为接近。

2）夜间睡眠情况

睡眠数据是实验研究的核心数据，目前市面上检测睡眠数据的仪器多为穿戴式设备，如体动仪等。如前文所述，被试为有一定攻击性的失智老人，穿戴式设备无法佩戴。研究组经过多轮对比最终确定使用睡眠监测

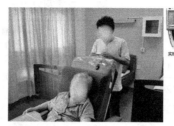

图5-48 实时照度监测仪的安装位置示意图
图片来源：葛文静 摄

（a）实物　　　（b）安装示意图

图5-49 睡眠监测床垫实物照片及安装示意图
图片来源：陈尧东 摄；设备官方宣传册

床垫。图5-49为睡眠监测床垫实物照片及安装示意图。将此床垫安装在被试床单下，连接网络及电源便可收集与睡眠相关的数据，如心率、呼吸率、体动、上床（时刻、次数）、离床（时刻、次数）等数据。

5.5.5 实验流程

实验第一阶段共持续约5周，全程使用智能睡眠监测床垫记录被试的睡

眠参数，实验共分为5个阶段：对照阶段（5天），光照刺激之前，了解被试的基本睡眠情况；光照阶段1（5天），被试在接受光照场景1（1000lx、5000K）的光照刺激后睡眠的改善情况；恢复阶段1（5天），光照场景1刺激实验之后，被试在不接受光照刺激实验期间睡眠的恢复情况；光照阶段2（5天），被试在接受光照场景2（1000lx、9000K）的光照刺激后睡眠的改善情况；恢复阶段2（5天），光

照场景2刺激实验之后，被试在不接受光照刺激实验期间睡眠的恢复情况。具体实验安排、各阶段的意义及需完成的工作如表5-8所示。

5.5.6 实验数据分析及讨论

通过光照刺激实验，建立光照参数与AD患者睡眠治疗之间的关系，据此探索利于改善被试睡眠质量的光照参数模型。实验重点记录了被试近眼位处的全天照度变化曲线，以及睡

"光照—睡眠"实验时间安排 表5-8

时间：阶段	数据意义	实验安排及操作
第1周：对照阶段	提供基础睡眠数据，反映被试原本的睡眠质量，为后期实验数据提供对比参照	√ 被试不接受光照刺激，行动不受限制； √ 需要收集夜间睡眠数据； √ 安装实时照度监测仪，记录被试每天所接受的光照数据
第2周：光照阶段1	提供被试在接受光照刺激后的睡眠质量数据，通过与其他阶段数据对比获得睡眠质量的变化规律	√ 被试接受光照刺激，刺激时间为：上午9:30—10:30，下午1:30—2:30，每天2小时； √ 光照刺激实验之外的时间被试活动不受限制； √ 收集实时亮度数据，监测夜晚睡眠数据
第3周：恢复阶段1	通过本部分数据得出被试在停止接受光照刺激后，睡眠情况是否维持在光照刺激期间的水平，如果睡眠情况恢复到对照组的状态，可以通过此部分数据获得恢复时间	√ 被试不接受光照刺激，被试行动不受限制； √ 需要收集被试的睡眠数据； √ 记录被试每天所接受的光照数据
第4周：光照阶段2	同第2周相关描述，光照场景参数不同	√ 同第2周相关描述
第5周：恢复阶段2	同第3周相关描述	√ 同第3周相关描述

眠参数，如心率、呼吸率、体动、离床、上床等信息。

实验共获得了十万余个数据，先使用数据统计及分析软件Excel进行基础数据筛选及整理，建立光照参数与睡眠参数之间的初步关系；再运用专业数据分析软件SPSS进行统计分析，得出各关联及相关性的可靠度，最终确定准确可靠的"睡眠—光照"模型。

实验共4名被试，其中2名被试的数据较完整（501-4床、501-6床），而其余2名被试（501-3床、506-1床）由于设备故障以及老人自身身体状况，数据出现缺失，甚至中断。由于被试间存在巨大的个体差异，如基本睡眠状况、身体状况、生活习惯、平时活动情况等，样本间交叉比较意义不大；因此，

主要通过分析个体样本在光照刺激前后睡眠改善情况，挑选出最利于改善AD患者睡眠质量及节律紊乱的光照环境。

1）基础数据统计、整理

（1）光照数据（以501-4床被试数据为例）

为记录被试在实验期间全天接受的光照刺激情况，研究使用实时照度计监测被试每天接受的光照变化。图5-50～图5-53为实验期间所得数据中各实验阶段的典型近眼位照度变化曲线图。其中，图5-50为对照阶段实验数据采集期所获数据（8月6日），图5-51为恢复阶段所得数据（8月14日），两组数据采集期间被试均无需接受光照刺激实验，从中可以看出，被试早上6:00左右到下午18:30左右持续

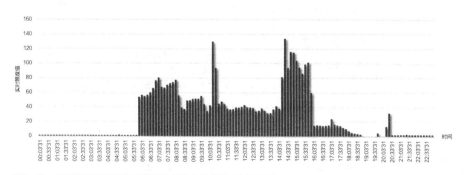

图5-50　对照阶段实验期全天近眼位照度变化曲线（8月6日）

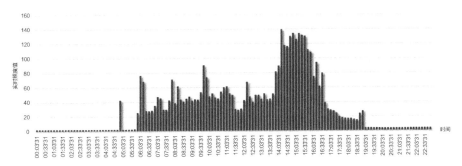

图5-51　恢复阶段实验期全天近眼位照度变化曲线（8月14日）

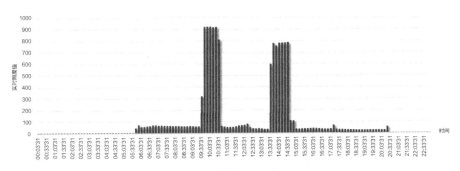

图5-52　光照阶段1期间全天近眼位照度变化曲线（8月12日）

接受不同程度的光照刺激（主要来自室内人工照明），在下午14:00—16:00期间光照量出现峰值，但是，被试全天接受的最大近眼位照度只有150lx左右。

图5-52和图5-53分别是光照阶段1和光照阶段2实验期间所得近眼位照度数据。从图中可以看出，被试在早上9:30—10:30、下午13:30—14:30间由于接受了光照刺激实验，近眼位照度超过1000lx，而在其他时间，被试接受的光照刺激均在300lx以下。

（2）睡眠数据

实验全程使用智能睡眠监测床垫记录被试的睡眠参数。实验各阶段结束后，导出所有与睡眠相关的参数。通过分析，整理得到每天的睡眠图表，图5-54~图5-58所示 为501-4

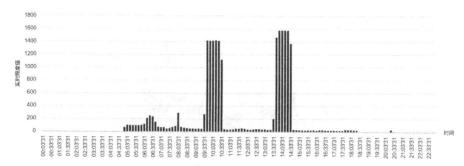

图5-53　光照阶段2期间全天近眼位照度变化曲线（8月23日）

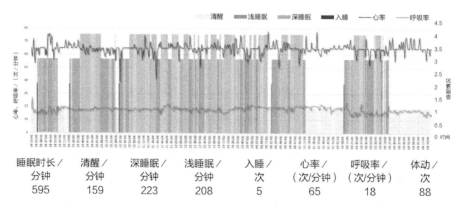

睡眠时长／分钟	清醒／分钟	深睡眠／分钟	浅睡眠／分钟	入睡／次	心率／（次/分钟）	呼吸率／（次/分钟）	体动／次
595	159	223	208	5	65	18	88

图5-54　8月4日晚被试睡眠数据

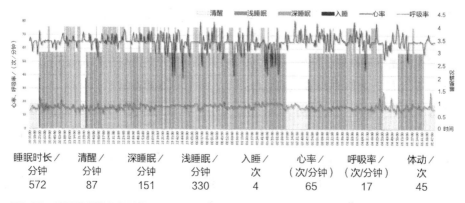

睡眠时长／分钟	清醒／分钟	深睡眠／分钟	浅睡眠／分钟	入睡／次	心率／（次/分钟）	呼吸率／（次/分钟）	体动／次
572	87	151	330	4	65	17	45

图5-55　8月5日晚被试睡眠数据

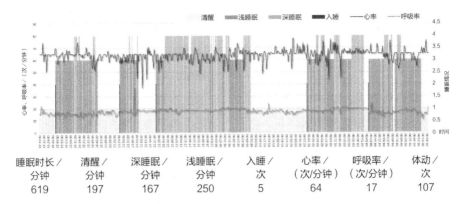

睡眠时长／ 分钟	清醒／ 分钟	深睡眠／ 分钟	浅睡眠／ 分钟	入睡／ 次	心率／ （次/分钟）	呼吸率／ （次/分钟）	体动／ 次
619	197	167	250	5	64	17	107

图5-56　8月6日晚被试睡眠数据

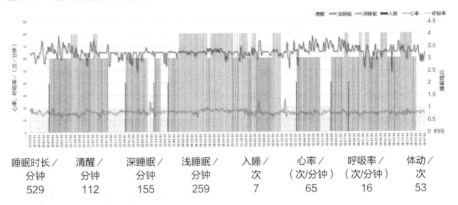

睡眠时长／ 分钟	清醒／ 分钟	深睡眠／ 分钟	浅睡眠／ 分钟	入睡／ 次	心率／ （次/分钟）	呼吸率／ （次/分钟）	体动／ 次
529	112	155	259	7	65	16	53

图5-57　8月7日晚被试睡眠数据

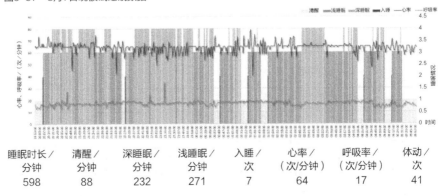

睡眠时长／ 分钟	清醒／ 分钟	深睡眠／ 分钟	浅睡眠／ 分钟	入睡／ 次	心率／ （次/分钟）	呼吸率／ （次/分钟）	体动／ 次
598	88	232	271	7	64	17	41

图5-58　8月8日晚被试睡眠数据

床被试的部分睡眠相关数据，含心率、呼吸率、深睡眠时长、浅睡眠时长等。

对照阶段数据。图5-44~图5-48是被试在接受光照刺激实验之前的睡眠数据。从各图中可以看出该老人夜间睡眠整体不错，心率和呼吸率较稳定，平均心率64~65，平均呼吸率16~18。睡眠时长，即在床上的时长为529~619分钟，时间较长，最长达到10小时以上。这是由于被试为失智老人，独立行动能力较弱，其上床、起床的时间均由护工控制。最长深睡眠时长为232分钟，最短为159分钟；最长浅睡眠为330分钟，最短浅睡眠为208分钟；体动次数和清醒次数均较多，每晚都会醒5~7次。而从图中

的睡眠数据情况来看，被试睡眠还存在以下问题：①高质量的深睡眠断断续续，和浅睡眠及清醒交替出现。②被试在夜晚会出现较长时间的清醒状态，最严重时在8日晚，达到了约2小时。③被试深夜睡眠质量较差，高质量睡眠往往出现在22:00—24:00之间，这大概与被试上床时间较早有关。

光照阶段1数据。图5-59~图5-63是被试在接受了1000lx、5000K的光照刺激之后的睡眠数据。从图中可以看出，心率、呼吸率依然很平稳，夜间心率整体保持在一个较低缓的状态。睡眠时长9~10小时。夜间清醒时间最长为51分钟，最短则只有14分钟，而深睡眠时长最长达到351分钟，最短也有297 分钟；浅睡眠时长

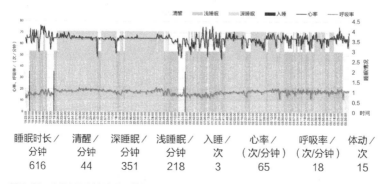

睡眠时长/分钟	清醒/分钟	深睡眠/分钟	浅睡眠/分钟	入睡/次	心率/（次/分钟）	呼吸率/（次/分钟）	体动/次
616	44	351	218	3	65	18	15

图5-59　8月9日晚被试睡眠数据

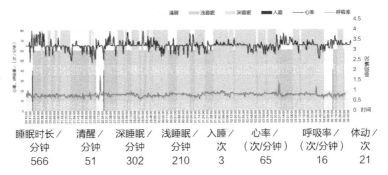

睡眠时长／分钟	清醒／分钟	深睡眠／分钟	浅睡眠／分钟	入睡／次	心率／（次/分钟）	呼吸率／（次/分钟）	体动／次
566	51	302	210	3	65	16	21

图5-60 8月10日晚被试睡眠数据

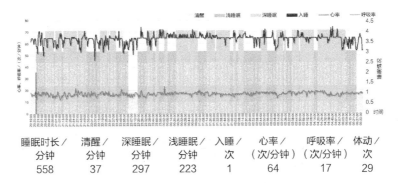

睡眠时长／分钟	清醒／分钟	深睡眠／分钟	浅睡眠／分钟	入睡／次	心率／（次/分钟）	呼吸率／（次/分钟）	体动／次
558	37	297	223	1	64	17	29

图5-61 8月11日晚被试睡眠数据

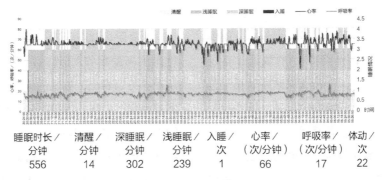

睡眠时长／分钟	清醒／分钟	深睡眠／分钟	浅睡眠／分钟	入睡／次	心率／（次/分钟）	呼吸率／（次/分钟）	体动／次
556	14	302	239	1	66	17	22

图5-62 8月12日晚被试睡眠数据

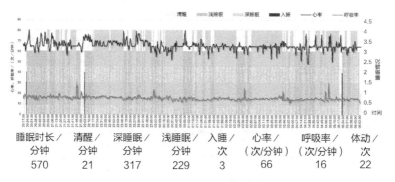

睡眠时长/分钟	清醒/分钟	深睡眠/分钟	浅睡眠/分钟	入睡/次	心率/（次/分钟）	呼吸率/（次/分钟）	体动/次
570	21	317	229	3	66	16	22

图5-63　8月13日晚被试睡眠数据

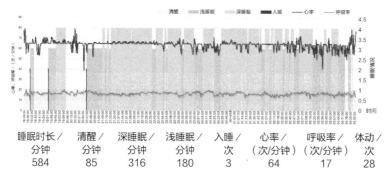

睡眠时长/分钟	清醒/分钟	深睡眠/分钟	浅睡眠/分钟	入睡/次	心率/（次/分钟）	呼吸率/（次/分钟）	体动/次
584	85	316	180	3	64	17	28

图5-64　8月14日晚被试睡眠数据

均集中在210~239分钟。夜间起夜次数较少，在2次左右，体动最多29次/晚，最少只有15次/晚。此外，从图中可以看出，光照阶段1的数据还有以下几个特点：①被试深睡眠时长明显增加，并且开始集中起来，能维持较长时间的高质量睡眠。②夜间长时间的清醒状态较少，且清醒时长较短，一般只有几分钟便又入睡了。③夜间

23:00—3:00的睡眠质量较对照阶段明显改善。

恢复阶段1数据。图5-64~图5-68是光照刺激接收后5天的睡眠数据。从图中可以看出，被试的睡眠情况依然较稳定，心率、呼吸率分别维持在64次/分钟、16~17次/分钟。从各种睡眠状态的时长上看，与实验期相比有些许恢复，但整体变化不大。清醒次

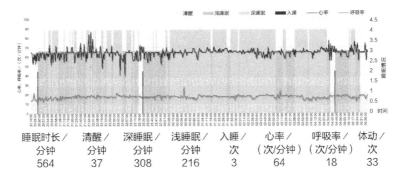

睡眠时长/ 分钟	清醒/ 分钟	深睡眠/ 分钟	浅睡眠/ 分钟	入睡/ 次	心率/ （次/分钟）	呼吸率/ （次/分钟）	体动/ 次
564	37	308	216	3	64	18	33

图5-65　8月15日晚被试睡眠数据

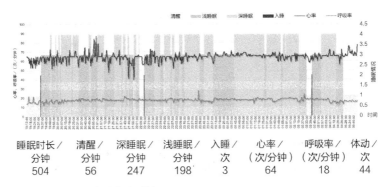

睡眠时长/ 分钟	清醒/ 分钟	深睡眠/ 分钟	浅睡眠/ 分钟	入睡/ 次	心率/ （次/分钟）	呼吸率/ （次/分钟）	体动/ 次
504	56	247	198	3	64	18	44

图5-66　8月16日晚被试睡眠数据

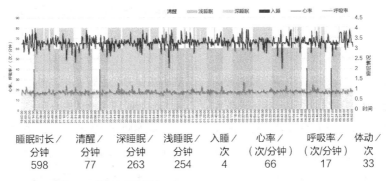

睡眠时长/ 分钟	清醒/ 分钟	深睡眠/ 分钟	浅睡眠/ 分钟	入睡/ 次	心率/ （次/分钟）	呼吸率/ （次/分钟）	体动/ 次
598	77	263	254	4	66	17	33

图5-67　8月17日晚被试睡眠数据

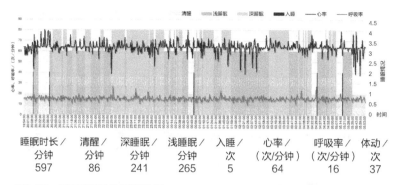

睡眠时长/分钟	清醒/分钟	深睡眠/分钟	浅睡眠/分钟	入睡/次	心率/（次/分钟）	呼吸率/（次/分钟）	体动/次
597	86	241	265	5	64	16	37

图5-68　8月18日晚被试睡眠数据

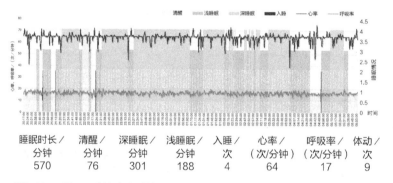

睡眠时长/分钟	清醒/分钟	深睡眠/分钟	浅睡眠/分钟	入睡/次	心率/（次/分钟）	呼吸率/（次/分钟）	体动/次
570	76	301	188	4	64	17	9

图5-69　8月21日晚被试睡眠数据

数较前期多了一些，但每次清醒的时间较短，因此，每晚清醒总时长并不长，深睡眠时长减少，浅睡眠时长增加，体动次数也较实验期多。说明光照刺激实验对老年人的睡眠质量有一定的改善作用，且睡眠质量的好转能在一段时间内维持稳定。通过比较14—18日的睡眠曲线图可以看出：①被试深睡眠时段在紧邻光照刺激的时间里较为集中，且时间较长，随着时间的推移，深睡眠的分布开始分散，如16日、17日及18日的睡眠曲线所示。②睡眠黄金期0:00—3:00的睡眠质量开始出现变化，但整体睡眠质量与对照阶段相比依旧好很多。

光照阶段2数据。图5-69~图5-73反映了被试在接受1000lx、9000K的高强度光照刺激期间的睡眠情况。这个阶段，被试心率、呼吸率依旧分别维持在

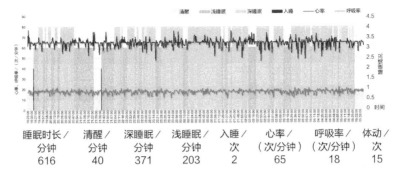

睡眠时长/ 分钟	清醒/ 分钟	深睡眠/ 分钟	浅睡眠/ 分钟	入睡/ 次	心率/ （次/分钟）	呼吸率/ （次/分钟）	体动/ 次
616	40	371	203	2	65	18	15

图5-70　8月22日晚被试睡眠数据

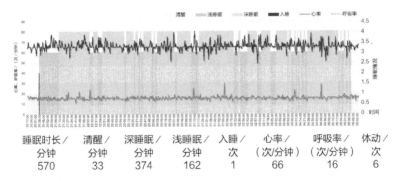

睡眠时长/ 分钟	清醒/ 分钟	深睡眠/ 分钟	浅睡眠/ 分钟	入睡/ 次	心率/ （次/分钟）	呼吸率/ （次/分钟）	体动/ 次
570	33	374	162	1	66	16	6

图5-71　8月23日晚被试睡眠数据

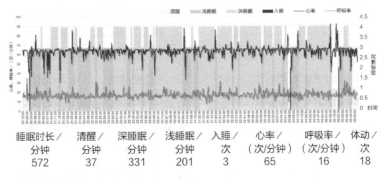

睡眠时长/ 分钟	清醒/ 分钟	深睡眠/ 分钟	浅睡眠/ 分钟	入睡/ 次	心率/ （次/分钟）	呼吸率/ （次/分钟）	体动/ 次
572	37	331	201	3	65	16	18

图5-72　8月24日晚被试睡眠数据

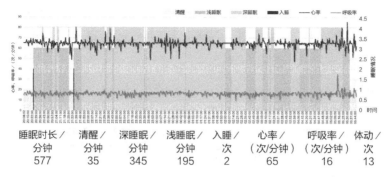

睡眠时长／分钟	清醒／分钟	深睡眠／分钟	浅睡眠／分钟	入睡／次	心率／（次/分钟）	呼吸率／（次/分钟）	体动／次
577	35	345	195	2	65	16	13

图5-73　8月25日晚被试睡眠数据

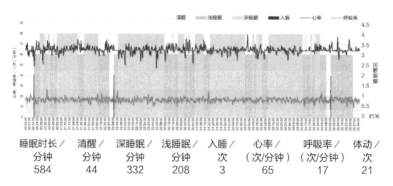

睡眠时长／分钟	清醒／分钟	深睡眠／分钟	浅睡眠／分钟	入睡／次	心率／（次/分钟）	呼吸率／（次/分钟）	体动／次
584	44	332	208	3	65	17	21

图5-74　8月26日晚被试睡眠数据

64次/分钟和16~18次/分钟，夜间的睡眠质量较高，80%~90%的时间都处于睡眠状态，起夜次数较少，且清醒时间较短。深睡眠时间能维持在300分钟以上；浅睡眠时间最长203分钟，最短只有162分钟。此外，从表中各天的数据特征可以看出：被试的深睡眠时间又开始集中；起夜时间均在晚上23:00之前及次日凌晨3:00之后，说明被试

黄金睡眠期的睡眠质量较高。

恢复阶段2数据。图5-74~图5-78反映的是被试在接受第二轮光照刺激后5天的睡眠情况。从中可以看出，被试的睡眠情况依然较稳定，心率、呼吸率分别维持在64~65次/分钟、16~17次/分钟。从各种睡眠状态的时长上看，与实验期相比有些许恢复，但整体变化不大。清醒次数较前期多了一

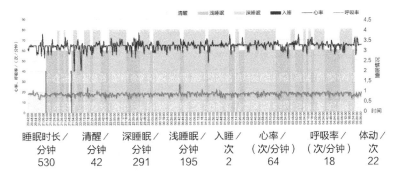

睡眠时长／	清醒／	深睡眠／	浅睡眠／	入睡／	心率／	呼吸率／	体动／
分钟	分钟	分钟	分钟	次	（次/分钟）	（次/分钟）	次
530	42	291	195	2	64	18	22

图5-75　8月27日晚被试睡眠数据

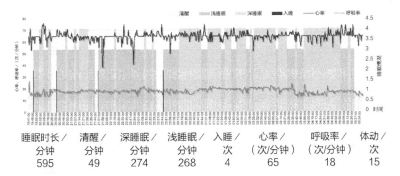

睡眠时长／	清醒／	深睡眠／	浅睡眠／	入睡／	心率／	呼吸率／	体动／
分钟	分钟	分钟	分钟	次	（次/分钟）	（次/分钟）	次
595	49	274	268	4	65	18	15

图5-76　8月28日晚被试睡眠数据

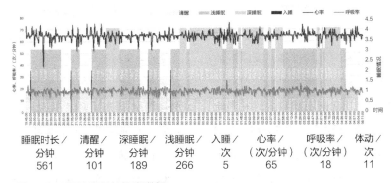

睡眠时长／	清醒／	深睡眠／	浅睡眠／	入睡／	心率／	呼吸率／	体动／
分钟	分钟	分钟	分钟	次	（次/分钟）	（次/分钟）	次
561	101	189	266	5	65	18	11

图5-77　8月29日晚被试睡眠数据

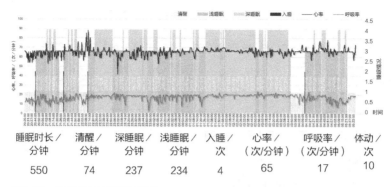

睡眠时长/分钟	清醒/分钟	深睡眠/分钟	浅睡眠/分钟	入睡/次	心率/（次/分钟）	呼吸率/（次/分钟）	体动/次
550	74	237	234	4	65	17	10

图5-78　8月30日晚被试睡眠数据

些，但每次清醒的时间较短，因此，每晚清醒总时长并不多，深睡眠时间缩短，浅睡眠时间增长，体动次数也较实验期多。说明光照刺激实验对老年人的睡眠质量有一定的改善作用，且睡眠质量的好转能在一段时间内维持稳定。通过比较各图中的睡眠曲线图可以看出：①被试深睡眠时段在紧邻光照刺激的时间里较为集中，且时间较长，随着时间的推移，深睡眠的分布开始分散。②随着时间的推移，被试夜间每次清醒及起夜的时长不断增加，甚至出现了清醒20分钟的状态。③睡眠黄金期23:00—3:00开始出现较多的浅睡眠状态，甚至出现清醒状态及起夜。

2）睡眠数据趋势分析及讨论

（1）501-4床被试相关数据

通过统计、整理基础数据，得出501-4床被试在实验各阶段关键睡眠参数，包括心率、呼吸率、卧床、睡眠、清醒、深睡眠及浅睡眠的时长以及起夜次数、体动次数等数据。

（2）卧床时长及睡眠时长

图5-79所示为被试在实验期间各阶段的卧床时长与睡眠时长。从图中可以看出，被试的卧床时长相对稳定，没有特定规律，总体在529~616分钟之间。从前期基础数据可以看出，该被试上床时间一般为晚上19:00—20:00，起床时间为早上5:30—6:00。从总体卧床时长与睡眠时长数据来

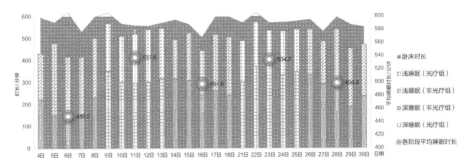

图5-79　实验期间被试的卧床时长与睡眠时长

看，两者并没有明显的正相关。这说明，老人并非在床上躺得时间长了，其睡眠质量就好了，相反，老人躺在床上却无法入睡，在心理上是一种负担，反而降低了睡眠质量，因此，对于条件允许的老年人，应该适当控制其卧床时间。从睡眠时长变化趋势看，光照组和非光照组的总睡眠时长整体差异并不大，但光照组各天的睡眠时长稳定性较高。从平均值看，光照组和非光照组呈现出一个明显的波动，在有光照刺激时，被试的总体睡眠时长上升，在没有光照刺激的恢复组又开始回落，但恢复组的睡眠时长又明显高于对照组。这说明，光照刺激对被试的睡眠总时长有一定的延长

作用，并且这种作用在光照刺激结束后的一段时间内还会持续。从图中可以看出，两个光照组之间的睡眠时长差异并不显著。

深睡眠时长。图5-80是被试实验期间深睡眠时长的变化图，从图中可以明显看出：①在光照实验前期，被试深睡眠时长普遍较短，为150~230分钟，平均值为185.6分钟。②随着第一轮光照刺激实验的进行，被试的深睡眠时长显著提高，尤其是第一天，深睡眠达到了351分钟，第二天有所回落，但第一轮光照实验期间各天（11号除外）的深睡眠时长均达到300分钟及以上，平均值也达到了313.8分钟，高出对照组128.2分钟，差异大于2小

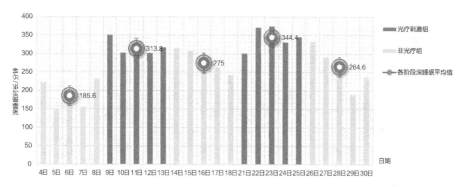

图5-80 实验期间深睡眠时长的变化图

时。③在第一个恢复阶段，被试的深睡眠时间开始出现逐渐下降的趋势，但即使在第5天，也有241分钟，且平均深睡眠时长为275分钟，也明显高于对照组，这说明白天的光照刺激对被试深睡眠的影响能在停止刺激后一段时间内持续作用。④在第二轮光照刺激实验进行后，被试的深睡眠时长又开始上升，平均值达到了344.4分钟，甚至高于第一轮光照刺激期间的深睡眠平均值，这也许说明，在同样的眼位照度下，高色温的光照刺激对老年人深睡眠的改善作用要优于低色温的光照环境。⑤从各实验阶段深睡眠时长的平均值也可以看出，老年人的深睡眠时长随着光照刺激的进行和停止呈现出一个明显的波动。

图5-81为被试在实验期间深睡眠时长占总睡眠时长（深睡眠+浅睡眠）的比值。深睡眠占比反映被试每晚的睡眠质量，深睡眠占比越大，说明被试睡眠质量越高，反之，深睡眠占比越小，说明被试处于浅睡眠的时间越长，睡眠质量相对较差。从图中可以看出：①在光照刺激之后，被试的深睡眠占比有一定的增加，并且在停止刺激后，深睡眠占比逐渐回落。②在光照刺激前期（对照组），被试的深睡眠占比数据波动较大，而在光照刺激中，每天的数据基本持平，保持在一个相对稳定的范围内；在恢复期，数据也呈现出不稳定的状态（下降）。

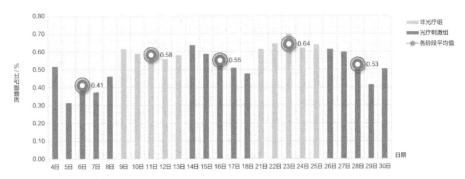

图5-81　实验期间被试深睡眠占总睡眠时长的比值变化图

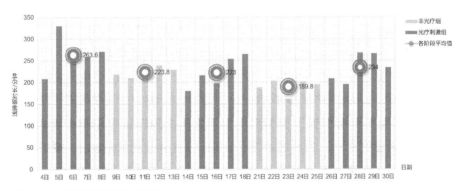

图5-82　实验期间浅睡眠时长变化图

③睡眠占比在各阶段的变化趋势与深睡眠时长的变化趋势保持一致。

浅睡眠时长。图5-82所示为被试在实验期间各天的浅睡眠变化图。从图中可以看出：①相较于深睡眠，浅睡眠的变化幅度更平缓，这说明，深睡眠的增加不仅对浅睡眠有影响，对清醒时间的影响也许更大。②虽然光照刺激对浅睡眠的影响较小，但光照刺激期间，各天浅睡眠的时长稳定性较高，第一阶段维持在210~239分钟，波动幅度只有30分钟，第二阶段维持在162~203分钟。从两轮光照刺激之间的数据可以看出，高色温的光照刺激对浅睡眠的影响大于低色温。

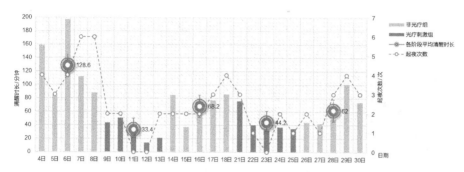

图5-83 实验期间清醒时长及起夜次数变化图

清醒时长。图5-83为实验期间被试夜间睡眠时的清醒时长及起夜次数分布情况。从图中可以看出：①被试在接受光照刺激前后，清醒时长出现了明显的变化，光照刺激期间，被试夜间清醒时间明显缩短，起夜次数也有所减少，说明光照刺激能有效改善被试夜间觉醒或者入睡困难的情况。②从图中对照组实验阶段的数据可以看出，被试的睡眠存在严重问题，夜间觉醒度较高，起夜次数过多，最多时达到了6次，夜间清醒时间过长，各晚平均清醒时长为128.6分钟，8月6日晚清醒时长甚至达到了197分钟，超过3小时。③被试在接受第一轮光照刺激期间，夜间起夜次数显著减少，伴随着清醒时长大幅缩短，各晚平均清醒时长只有半小时，说明白天高强度光照刺激对被试夜间的觉醒度有明显的影响。④在停止光照刺激后，被试夜间起夜次数开始回升，每晚2~4次，并伴随着清醒时长的增加。但和对照组数据相比，每次起夜清醒时间并不长，也没有出现长时间的失眠现象。⑤在第二轮光照刺激期间，被试的起夜次数及清醒时长开始缓慢减少，每夜平均清醒时间为44.2分钟，比第一轮光照刺激期间的长，但差异并不显著。⑥在第二轮恢复期，被试的各项指标又开始回升，和第一轮恢复期的数据相比，也没有显著的差异。

体动次数。图5-84是被试在实验期间夜间睡眠时的体动次数变化图。由于人在睡眠时体动一般发生在浅睡眠及清醒状态下，因此，图中次轴为被试清醒时长与浅睡眠时长总和的变化曲线。从图中可以看出：①光照刺激前后，被试夜间睡眠的体动次数有明显的下降趋势，光照刺激前的平均体动次数为66次，最高时达到了107次，刺激期间及刺激之后各阶段的平均体动次数为16~36次。②从总体趋势看，被试的体动次数变化趋势与被试清醒+浅睡眠时长的波动趋势呈现出一定的相关性。③两轮光照刺激期间的平均体动次数也存在一定的差异，第一轮体动次数明显高于第二轮。这与前人的研究结论相左，大概是由于

实验天数较少而导致的偶然结论。

501-4床被试睡眠总结。图5-85是501-4床被试在实验期间每天的睡眠参数变化情况，包括睡眠时长（深睡眠和浅睡眠）、清醒时长、起夜次数、卧床时长。

从图中起夜次数变化可以看出，光照阶段的起夜次数明显少于对照阶段和恢复阶段。在前期对照阶段中，被试的起夜次数为4~6次，夜间睡眠不安稳，觉醒度较高；在光照刺激期间，被试的起夜次数均维持在2次以内。这说明：在无其他干扰因素的前提下，白天的高强度光照刺激能有效降低被试在夜间的觉醒度，从而减少其起夜次数。

从图中卧床及睡眠情况可以看

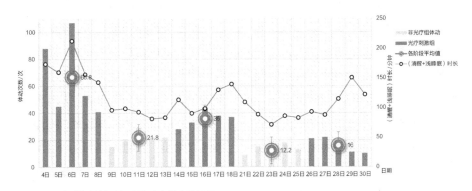

图5-84 实验期间被试每晚体动次数变化情况

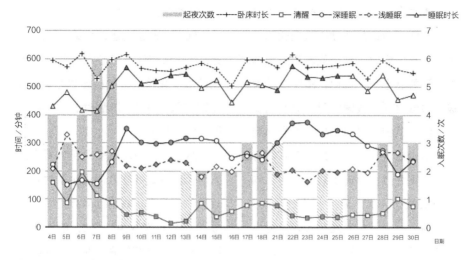

图5-85　501-4床被试在实验期间的睡眠相关参数变化情况

出，在卧床情况各天维持稳定的情况下，接受了光照刺激实验后，被试的睡眠时长呈现明显的上升趋势。卧床时长及睡眠时长两条曲线间的间隙（即清醒时长）随着光照刺激显著缩小，而在光照刺激停止后，两条曲线又开始缓慢分离。说明：老年人白天接受更多的光照刺激，能有效增加夜晚睡眠的总体时长，改善夜间失眠的情况。

从深睡眠、浅睡眠时长的变化趋势看，深睡眠曲线和浅睡眠曲线变化此消彼长。光照刺激开始后，被试的深睡眠时长呈明显的上升趋势，而浅睡眠的变化相对平缓，但总体呈下降趋势。这说明：白天的光照刺激不仅可以改善被试的睡眠时长，还能调节被试在睡眠期间深、浅睡眠时长的比例，从而提高被试的夜间睡眠质量。

在接受光照刺激之后，被试夜间的清醒及失眠状态有所改善，同时深睡眠时长有了显著增加，说明被试夜间的睡眠质量得到了改善。从实验阶段、恢复阶段及对照阶段的深睡眠数据可以看出，在停止光照刺激之后，被试睡眠质量开始下降，深睡眠时长开始缓慢减少，清醒时长也开始增加，但各项参数仍然优于对照组。这说明：光照刺激对被试睡眠的改善在光照停止之后仍能持续作用一段时间。

对比两轮实验的数据可以看出，实验组2（1000lx、9000K）的深睡眠时长略高于实验组1（1000lx、5000K），且波动较小，清醒时长也较光照阶段1短，浅睡眠时长相对稳定。说明：在同样的眼位照度下，相较于低色温（5000K），高色温（9000K）的光照环境对老年人睡眠的改善作用更好。

5.5.7 研究结论

本研究从前期养老空间光环境调研、中期养老单元间室内光环境及色彩循证改造，到后期定量光照参数甄选实验，前前后后共经历了2轮调研和2轮实验研究，得到了大量第一手资料，也总结出大量能够有效应用于养老空间，乃至失智老人照料空间的照明环境及室内色彩方面的可靠结论。这些结论不仅可以指导将来健康性、适老性光照环境的设计和改造，还能对老年人的视觉、情绪、睡眠质量等产生积极的影响。

1）养老空间光环境调研结论

通过对上海市第三社会福利院失智老人照料中心光照环境进行实地测量和后期分析，掌握了大量标准单元间的光环境信息，包括自然采光和人工照明情况。

（1）自然采光方面

相对于室内地面面积，窗户面积较小，进光量不足。

房间进深太大，导致内部亮度衰减剧烈；靠窗床位有太阳直射光，照度常年高达数千勒克斯；而房间深处照度甚至无法满足老年人基本的视觉需求。

老年人较偏好靠窗或中间的床位，这反映出老年人对房间深处的采光是不满意的。

单元间内，不同床位处的老人每天所接受的累计光照量差异巨大（10余倍），这些由建筑空间造成的问题，应该在后期人工照明设计中给予弥补。

（2）人工照明

单元间中，床上方提供照明的主要照明器为吸顶灯，流明数不够，导致在进行视觉作业时室内照度不足。光源发光面小，易产生眩光，尤其是夜间，影响视觉舒适度。

床头安装了小型投光灯，提供重点及阅读照明，但由于投光灯光束太集中，容易产生不舒适眩光。

公共活动区域空间高度较低，相较其他空间显得低矮、压抑。嵌入式的投光方式使得该部分顶棚亮度低，加剧了压抑感，应提高该区域及顶棚的亮度，缓解压抑感。

综上所述，养老单元间照明现状存在大量问题，归根结底在于照明设计没有考虑老年人的视觉特征，也并没有针对老年人进行定制化、个性化的处理，导致其在使用人工照明的过程中出现各种不便。

2）室内常用色彩调研结论

通过案例及文献分析总结得到了养老空间室内颜色应用区域和位置，主要有背景墙面、窗帘、装饰墙面。并在上海地区大型家具市场对不同类别的颜色进行抽样调查，通过数据分析得到了各类颜色的使用特征和参数范围。具体结论如下：

（1）背景墙饱和度为0~40.7%，平均值为14.7%，总体偏低；明度值均大于50%，最大值甚至高达98%，平均值为83%，普遍较高；色相集中在1~100，涵盖了红、黄色系，蓝、绿色系分布较少。

（2）窗帘颜色饱和度为6.6%~57%，平均值为23.8%，相对较低；明度范围是36.4%~86.5%，平均值为60%，相对较高；色相主要集中在24~200，涵盖了红、黄、蓝、绿色系，紫色系使用较少。

（3）装饰墙面颜色饱和度集中在22.7%~95.6%，平均值为63.6%，相对较高；明度范围集中在51%~92%，均值为75.6%；色相主要集中在0~200，涵盖了红、黄、蓝、绿色系，紫色使用较少。

（4）从室内各区域颜色应用的明度比较看，呈现出"背景墙>装饰墙>窗帘"的趋势。其原因可能是，随着颜色使用面积增大，人们更倾向于选择明度高的颜色，以保证室内有足够的漫射光；随着颜色面积减小，则倾向用一些更深的颜色，创造视觉亮点，并应用适当的颜色调节室内的情绪氛围及光环境。

（5）饱和度方面，其趋势为"背景墙<窗帘<装饰墙"。背景墙面需要低饱

和度的颜色，保证室内漫射光环境颜色维持在中性色调，以满足视觉作业的需要。装饰墙面需要高饱和度的颜色创造戏剧化的视觉效果，赋予空间更多的亮点。窗帘在不承担装饰效果时，低饱和度的颜色能提高其遮光效果，并且不影响室内光色环境。

3）光照刺激对睡眠质量的调节实验结论

通过光照刺激实验，分析光照参数与失智老人睡眠治疗之间的相关性，实验重点记录了被试近眼位处的全天照度变化曲线，以及被试的睡眠参数，如心率、呼吸率、体动、上床、离床等信息。从所得数据呈现的规律看，可以初步总结出以下趋势：

（1）在无其他干扰因素的前提下，白天的高强度光照刺激能有效降低被试在夜间的觉醒度，从而减少其起夜次数。

（2）老年人白天接受更多的光照刺激，能有效增加夜晚睡眠的总体时长，改善夜间失眠的情况。

（3）白天的光照刺激不仅可以增加被试的睡眠时长，还能调节被试在睡眠期间深、浅睡眠时长的比例，从而提高被试的夜间睡眠质量。

（4）光照刺激对被试睡眠的改善在光照停止之后仍能持续作用一段时间。

（5）在同样的眼位照度下，相较于低色温（5000K），高色温（9000K）的光照环境对老年人睡眠的改善作用更好。

参考文献

[1] World Health Organization. The global burden of disease: 2004 update. Geneva: World Health Organization, 2008.

[2] ARIYO A A, HAAN M, TANGEN C M, et al. Depressive symptoms and risks of coronary heart disease and mortality in elderly Americans. Cardiovascular Health Study Collaborative Research Group[J] . Circulation, 2000, 102（15）: 1773.

[3] VAN CAUTER E, PLAT L, LEPROULT R, et al. Alterations of circadian rhythmicity and sleep in aging: endocrine consequences [J] . Hormone research, 1998, 49（3-4）: 147-152.

[4] KANEL R V, DIMSDALE J E, ANCOLI-ISRAEL S. Poor sleep is associated with higher plasma proinflammatory cytokine interleukin-6 and procoagulant marker fibrin D-dimer in older caregivers of people with alzheimer's disease [J] . Journal of the American Geriatrics Society, 2006, 54（3）: 431-437.

[5] ANCOLI-ISRAEL S, PARKER L, SINAEE R, et al. Sleep fragmentation in patients from a nursing home [J] . Journal of gerontology, 1989, 44（1）: M18-M21.

[6] BOMMEL W J M V . Non-visual biological effect of lighting and the practical meaning for lighting for work [J] . Applied ergonomics, 2006, 37（4）: 461-466.

[7] MCINTYRE I M, NORMAN T R, BURROWS G D, et al. Human melatonin suppression by light is intensity dependent [J] . Journal of pineal research, 1989, 6（2）: 149-156.

[8] REA M S, FIGUEIRO M G, BULLOUGH J D, et al. A model of phototransduction by the human circadian system [J] . Brain research reviews, 2005, 50（2）: 213-228.

[9] EMENS J S, BURGESS H J . Effect of light and melatonin and other melatonin receptor agonists on human circadian physiology [J] . Sleep medicine clinics, 2015, 10（4）: 435-453.

［10］　陈尧东，郝洛西，崔哲. 中性色调起居室光照环境人因工学研究［J］. 照明工程学报，2014，26（4）：40–44.

［11］　柳孝图. 建筑物里［M］. 3版. 北京：中国建筑工业出版社，2010.

［12］　BOMMEL W V. Kruithof curve［M］. 2016. https://doi.org/10.1007/978–3–642–27851–8 135–12.

［13］　NAUS T, BURGER A, MALKOC A, et al. Is there a difference in clinical efficacy of bright light therapy for different types of depression? A pilot study［J］. Journal of affective disorders, 2013, 151（3）: 1135–1137.

［14］　ANDOLSEK D L. Virtual reality in education and training［J］. International journal of instructional media, 1995, 22（2）: 145–155.

［15］　LUIGI M, MASSIMILIANO M, ANIELLO P, et al. Immersive virtual reality in community planning: acoustic and visual congruence of simulated vs real world［J］. Sustainable cities and society, 2016, 27（11）：338–345.

［16］　NIU S, PAN W, ZHAO Y. A virtual reality integrated design approach to improving occupancy information integrity for closing the building energy performance gap［J］. Sustainable cities and aociety, 2016, 27（11）：275–286.

［17］　崔哲，陈尧东，郝洛西，等. 基于老年人视觉特征的人居空间健康光环境研究动态综述［J］. 照明工程学报，2016，27（5）：21–26.

致谢 ————————————————————————

　　本书集结了笔者在同济大学建筑与城市规划学院研究生阶段及在西南交通大学建筑与设计学院任教期间的学习、工程及科研成果。

　　在此，我想感谢同济大学光环境实验室的老师、同学对我的关心和帮助。

　　2011年9月我迈入同济大学的校门，充满欣喜；看到一个个无比优秀的同济学子，又充满恐慌和不安，恐慌着我的学识不如别人渊博，不安着我的人生阅历没有别人丰富。怀揣着这份期待和焦虑，我开始了研究生生涯，转眼7年过去了，如今终于迎来了硕果累累的毕业季。在研究生学习期间，我跟随郝洛西教授团队负责或参与众多国家级科研项目和实际工程项目，逐步成长为一名具有较高业务水平的研究人员，有丰富的科研经验，发表了多篇学术论文，获得了多项国家级及省部级奖项。这一切都要感谢同济大学光环境实验室的老师与同学们的帮助和无私奉献。

　　首先，我要感谢我的导师郝洛西教授。郝老师严谨的治学态度、渊博的专业知识以及对待学术问题时那种执着追求和忘我的精神，让我深受感动，受益匪浅。我不仅学到了学科前沿知识，更在项目实践中获得了宝贵的财富，诸如对工作认真负责的态度、团队协作的能力、交流和表达想法的能力等。在此衷心祝郝老师身体健康，再创辉煌！

　　其次，我要感谢崔哲老师，感谢崔哲老师多年来对我学习和工作的支持与帮助，不吝传授我最新的、先进的、前沿的学术知识和理论。对我研究中的前期现场调研、实验设计、中期实验操作及后期论文撰写都给出了细致而全面的指导，身体力行地教会了我一名科研工作者应该具有的严谨学术态度和认真、细致的做事风格。与您共同奋斗的这几年，让我成长了很多，也收获了很多。谢谢您！

　　感谢林怡老师和戴奇老师一直以来对我的关心和帮助，你们为团队所做出的贡献和牺牲，为我们创造了一个良好的学习环境；你们勤恳的工作态度和严谨的做事风格一直潜移默化影响着我，让我成为更好的自己。

我还要感谢同济大学光环境实验室的同学们。谢谢师姐王茜、徐俊丽、邵戎镝，师兄杨修、曾堃对我的帮助和指导；感谢学妹葛文静，学弟彭凯、俞源杰对本书中相关实验研究的协助；感谢同门葛凯、学妹曹亦潇给我枯燥的学生生活带来的快乐；感谢学弟邱鸿宇、陆文虎，学妹施文、施雯苑、杜怡婷、蔡文静、黄滢滢等；最后还要感谢已毕业的学长葛亮，硕士同门金绮樱，学弟董英俊、刘聪、学妹周娜、姚懿芸、张萌、付美琪曾经的陪伴。

最后感谢上海第三社会福利院各位领导对本书的大力支持，谢谢参与本次实验，谢谢你们！